发型 VS 场合

全天候美发造型书

 摩天文传
www.moreteam.cn 著
最好的女性图书创作团队

中国铁道出版社
CHINA RAILWAY PUBLISHING HOUSE

图书在版编目（CIP）数据

发型 VS 场合：全天候美发造型书 / 摩天文传著 . -- 北京：中国
铁道出版社，2016.7

ISBN 978-7-113-21728-0

Ⅰ . ①发… Ⅱ . ①摩… Ⅲ . ①发型—设计 Ⅳ . ① TS974.21

中国版本图书馆 CIP 数据核字 (2016) 第 087830 号

书　　名：发型 VS 场合 ： 全天候美发造型书
作　　者：摩天文传 著

责任编辑：郭景思　　　电话：（010）51873064　　　电子信箱：guo.ss@qq.com
装帧设计：MXK DESIGN STUDIO　摩天文传 www.moreteam.cn
责任印制：赵星辰

出版发行：中国铁道出版社（100054，北京市西城区右安门西街 8 号）
网　　址：http://www.tdpress.com
印　　刷：北京米开朗优威印刷有限责任公司
版　　次：2016 年 7 月第 1 版　2016 年 7 月第 1 次印刷
开　　本：720mm×960mm　1/16　印张：9　字数：148 千
书　　号：ISBN 978-7-113-21728-0
定　　价：39.80 元

前言

PREFACE

任何场合发型与服饰都同样重要！

不同场合适合的发型不一样！职场适合干练利落时尚的发型，约会适合浪漫甜美精致的发型，出游适合易打理清新的发型……不同的场合除了需要搭配相应风格的服饰外，发型更是不可忽视的。如果一个女人在出席隆重晚宴时，头上是一个慵懒随意的发型，尽管她身上穿了多么得体的晚礼服，佩戴多么耀眼的珠宝，也掩盖不住发型给整体造型带来的缺陷；相反，如果她只是穿了一件普通的礼服，却梳着精致的盘发，虽然也会显得大方优雅，但多少会有些缺憾。

多数女人不会根据场合选发型！

很多女人不会根据场合选择发型，例如参加户外运动，选择披发，或造型复杂、需要定型产品才能完成的盘发，运动时所产生的汗水会让披散的头发和发胶变得粘腻湿润，给人不清爽的感觉；又如在面见长辈时，选择了怪诞的夜店发型，不够端庄的形象会让长辈的好感度降低等。这些不符合场合的发型，除了会让人有一种与周围环境格格不入的感觉外，还会在很大程度上降低了你的自信心。

任何场合都显完美的实用发型宝典！

逛街时披发，运动时马尾，约会时披发，工作时马尾。很多女人的发型只局限在披发与马尾之间。如何做出花样百变的发型？如何展现干练成熟的形象？聚会时怎样做发型才能更加充满人气？约会时怎样做发型才能更加印象深刻？婚礼和演出时怎样做发型才能更加赏心悦目？在出席各种不同的场合时，女人对发型总会有太多的困惑和疑问。本书根据女人心理和他们所面临的不同场合，精心归纳梳理了适合每一位女人出席各种场合的百搭发型宝典。

专业时尚发型创作团队倾力打造！

本书由专业的女性美容时尚创作团队——摩天文传倾力创作，从最不同脸型的适用发型到极具魅力脸型的基础手法，再到适合各种场合百变发型的运用，都进行详细的步骤分解，让每个女人都能轻松地从书中学会并做出适合所出席场合的完美发型。

目录/Contents

CHAPTER 1

脸型·发型!
超实用基础手法

CHAPTER 2

学习·工作场合！
超自然经典发型

目录

CHAPTER 3
运动·休闲场合！
超清新人气发型

CHAPTER 4

约会·浪漫场合！
超精致唯美发型

CHAPTER 5

庆典·社交场合！
超优雅气质发型

CHAPTER 1

脸型·发型!
超实用基础手法

发型设计与脸型搭配是非常重要的，想要做出漂亮的发型，首先要清楚的认识自己属于哪一种脸型。通过本章内容的学习可以化腐朽为神奇，打造出自己专属风格的场合发型!

圆脸型 增加头顶发量显脸长

圆脸型的女人往往喜欢用厚厚的刘海和鬓角发遮挡发胖部位，实际上这样的做法反而有碍突出优点。头顶区是圆脸女人的薄弱区，加蓬这里或者高度集中在这里的发型都能让她们的脸型看起来更可爱。

♥ 圆脸 ♥

基本特征： 额头、颧骨和下颚的宽度基本相同。上颊到下颚部分丰腴，比较圆润丰满。

优点： 脸型看起来比较可爱，有减龄效果。

缺点： 颧骨较宽，下巴及发际都呈现圆形，缺乏立体感，容易显胖。

发型设计： 圆脸总是显得有些孩子气，所以可以设计成熟点的发型，头发分成两边而且两颊附近的头发要有些波浪，这样看起来才不会太圆。也可将头发侧分，短的一边向内略遮一颊，较长的一边可自额顶做外翘的波浪，这样可"拉长"脸型。

圆脸

大部分的发量划分做了刘海和鬓角发，导致头顶区发量扁塌，脸型看起来更圆润了。

完成

弧形线条会让圆脸的扩张感消失，流线感的发型还能增加利落感，让人倍显清新。

圆脸型的女人不要留太长的头发，尽量做出能充实头顶区厚度和高度的发型。避免在以双耳连接线为界以下的位置增加厚度，因为重心较低的发型会让圆脸看起来很胖。

Before

After

长脸型 增加两鬓发量显年轻

　　长脸型绝对不适合两鬓过薄的发型，也不适合头发过直，因为垂坠感会将脸拉得很长。长脸型适合丰盈又略带卷度的发型，将假发片整烫过后贴在眉线平行区会增添不少可爱感。

♥ 长脸 ♥

基本特征： 脸型上下距离较大，横向距离又小，额头、颧骨和下颚的宽度基本相同，看起来比较瘦长。

优点： 脸型看起来瘦长，显得比较纤细。

缺点： 脸型太长，显得下颚比较突出。

发型设计： 利用刘海修饰长脸，从视觉上缩短脸部的上下距离。对于脸型过于瘦窄的问题，利用两侧头发的卷度来改善，但头顶的头发不能蓬起，避免拉长脸型。两侧的头发要从太阳穴的位置开始做出蓬松的感觉，让脸型更加圆润，经过这些调整，长脸也可以变瓜子脸。

长脸

发量较少的女人头发贴面，鬓区过薄的话会给人无精打采的印象。

完成

两侧加宽后过长的脸型往中间缩短，脸型不再显得很中性，而是变得相当可爱了。

　　长脸型的女人适合侧面发辫、侧面发髻、侧面盘发等不对称发型。由于脸型足够长，重量放在一侧反而会使视觉焦点落在宽度上，削减长度带来的刻板感，显得年轻。

Before　　　　*After*

方脸型 加蓬两侧额角显圆润

方脸型的困扰是额角、颧骨和腮角三个位置都相对比较突出，颧骨和腮角的突出可以通过彩妆修饰，额角就显得相对棘手。

♥ 方脸 ♥

基本特征：额头宽，下颚突出，双颊呈直线，感觉脸型是四四方方的。

优点：脸型轮廓分明，线条感较强，有很强的线条感。

缺点：对于女性而言，显得过于硬朗，缺少一点柔和的美感。

发型设计：应用发尾内卷来遮盖脸形的明显轮廓和角度，改善脸部左右两侧过宽的缺陷。侧分可以很好地改变四方的额头形状，并且修饰脸部线条，使脸形看起来更加柔和。

方脸

方脸不适合直发，会让整个发型像画框一样框住脸型，反而暴露脸部的凹凸缺点。

完成

去掉几处锐角，再把过直的地方修饰圆润，方脸的感觉变得更可爱了。

脸型的问题不外乎出在额角、颧骨和腮角上，在这些突出区域做出曲度或者比较圆润的线条，有助于产生柔和感。不建议方脸型采用线条太直的发型，因为线条太单一的发型无异于将脸型缺点全部坦白。

Before

After

倒三角脸型 增加耳后发量显丰颊

倒三角形脸型的困扰是下巴比较短、腮线凌厉、脸型上大下小，显得人比较含蓄内向。若要改变成福气满满的好运脸，必须通过增加耳后发量来起到丰满脸颊的效果。

────── ♥ 倒三角脸 ♥ ──────

基本特征：眼睛以上部分比较宽，从脸蛋开始慢慢窄下去，然后下巴比较尖。

优点：脸蛋小，下巴尖，适合多种发型。

缺点：下巴短，颧骨位置较高。

发型设计：注意额头和下巴的修饰，刘海可以梳齐或偏分，修饰较宽的上额，头发长度超过下巴2厘米为宜，使发尾蓬松卷曲，呈现出"A"字发型。

倒三角形脸

倒三角脸遇上稀疏发量——下巴更尖、面相更趋于刻薄不友好、鬓角发太薄也显得人不容易接近。

完成

从两耳平行线就开始向下蓬松的发型呈正三角轮廓，能明显弥补倒三角脸型的缺点。

将发型的重点放在耳垂的位置，重心低一些，将有助改善此种脸型上重下轻的比例结构。不建议选择发型重点在较高位置的发型，特别是上面比重较大、下方比重较小的马尾和发髻发型，否则都会加强上重下轻的不协调感。

Before

After

椭圆脸型 增加中庭发量显完美比例

······························· ♥ Situation hairstyle handbook ♥ ·······························

　　椭圆脸型本属于最容易造型的脸型，但是也有上庭或者下庭过长的困扰。要解决这个难题需要注意让中庭成为焦点，才能成功转移视线，达到最完美的比例。

------- ♥ 椭圆脸 ♥ -------

基本特征： 额头与颧骨等宽，同时又比下颌稍宽一点，脸宽约为脸长的2/3。

优点： 椭圆脸是女性中最完美的脸型之一，端庄、典雅、清秀，非常符合传统的审美观点。

缺点： 圆润和柔和的线条缺乏一点个性感。

发型设计： 椭圆脸又称鹅蛋脸，是最标准的脸型，无论搭配长发、中发、短发，还是卷发、直发都很和谐，重点是不要遮挡住脸形的轮廓，就能很好地诠释发型的特点。

椭圆脸

椭圆脸虽然曾被认为是最标准的脸型，但这种观点同时也被时代新趋势所否定。发型太低、古板的刘海和老套的长度都能让椭圆脸和新潮毫不沾边。

完成

这里头发的厚度、颧骨区变圆使得中间的比例变大，再加上妆容的配合，立刻缩短退流行的长圆脸。

　　如果你希望头发蓬一些，记得一定要在颧骨平行的位置改变，切忌这个区域的头发又干又扁，会让你的脸型过于削长。不要将头发的重点放在头顶或者肩膀，椭圆脸型更适合耳垂以下就收窄的盘发或者短发。

Before

After

多棱角脸型 增加太阳穴处发量显柔和

过瘦的人可能会为脸部的棱角发愁，额角、眼眶骨、颧骨、腮角以及下巴都可能让你显得既骨瘦如柴又个性冷漠。发型虽然不能改变骨骼架构，但是却能通过光影效果和线条发生改观。

♥ 多棱角脸 ♥

基本特征： 颧骨突出，额头和下颚都比较窄。

优点： 下巴窄，容易显得脸小。

缺点： 头太尖，会突出脸颊的宽度。

发型设计： 可以将头发重点堆积在额角或者下巴位置，两颊略微遮盖一点。重点是头顶头发的打理，用卷发棒稍微卷烫一下，"赶走"头小脸大的尴尬。

多棱角脸

这种脸型一定不能任由稀少的头发又扁又塌，面部的比重大于发量会让人显得不健康，带病态。

完成

发量向前堆积之后五官比例向中间收缩，棱角的扩张感减轻了，脸型趋于柔和。

一定要让太阳穴位置的头发蓬松自然，并且还要用恰到好处的发量遮盖一下，不要将太阳穴发际线的头发全部往后梳，这样会更突出缺点。多棱角脸不适合中性风格的短发和外翻卷发，当然如果有自己的个性装扮计划除外。

Before

After

三股辫 实现甜美造型的重要手法

三股辫一直以来都是颇受欢迎的，不论是作为整体发型的局部元素，还是勇挑大梁作为核心造型，三股辫都是实现可爱和甜美风格的重要造型手法。

♥ 基础手法接力教程 ♥

Step1
将要编三股辫的发片选出来，用食指和中指插入中间，分为三等份。

Step2
中间股先往下绕进左边股的底部，三股辫的开始动作一定要从中间股开始。

Step3
左股往中间移动变成中间股，右股顺势叠在上面，完成开始的第一手编发。

Step4
接下来，位于最左的中间股叠在右股的上方，编时需保持三股头发拉力均匀，不要有过紧或过松现象。

Step5
以两边的发股不断叠加在中间发股为原则，直到将发辫完成。

Step6
发辫编好后要用皮筋绑紧发尾，防止发尾松脱就可以进行下一步造型了。

♥ 三股辫技巧的关键 ♥

分股均匀是首要原则

无论发辫粗细，每一股 1/3 的发束都要发量均等，这样才能打造出均匀紧致的发辫。分股均匀需要用手感去把握，多练习几次即可。

"略紧一些"刚刚好

为什么我编的辫子总是松松散散的？发辫松散、歪扭都是编时用力不均导致的。发辫的最终粗细程度不是在编发的同时来把握，而是在发辫完成后通过拉松每股发束调整的。因此编发时应该把辫子编得略紧一些，发辫的粗细等完成后再微调。

发质和发辫息息相关

辫子总是特别毛躁？除了用润发乳这个方法抚平毛躁之外，应尽量选择长短均等的头发编辫，避免发尾从发辫中岔出，也是避免发辫毛躁的好方法。

加股辫 打造多种风格的重要手法

加股辫不只是三股辫的升级版，它创造的是另一种更加华丽、富有张力的风格。对清新的"森女风"而言，多股编意味着古典和淳朴。对活泼的日系风格而言，它代表着可爱与绝不雷同。

♥ 基础手法接力教程 ♥

Step1
选择一片位于中间、两侧发量充足的发片作为开端，分为三等分待用。

Step2
中间股发束从下穿插移至最左，原先的左股移至最右，原先的右股从上方绕到中间。

Step3
从编发的左侧位置再抓取一把发量同等的发束，将发根拽紧再加进去。

Step4
新加入的发束和发辫的左、中股合并形成一股，发辫的右股独立，再从发辫右侧抓取一股发束。

♥ 加股辫技巧的关键 ♥

就近抓取原则

在发辫旁边抓取需要加股的发束时，应该从左右两侧临近位置抓取，不要相隔太远，否则会编出粗细不均的发辫。

以中间股为发辫准线

编加股辫容易偏离中间位置，导致发辫出现左扭右歪的状况，因此交错每股发束时，中间股一定要明确不能歪斜，两边加股也不要将中间股拽偏。

发束合并的就近原则

抓取了新的发束要和发辫其中一股发束合并时应按照就近原则，左侧抓取的发束应和发辫左股合并，右侧同理。

Step5
右侧发束和发辫右股合并形成一股，再从发辫左侧抓一股发束，按三股辫编法编辫。

Step6
即将完成加股辫，旁边没有头发可抓取时，可以按照三股辫的编发方法收尾。

拧转 令头发产生弧纹的重要手法

　　拧转是一种让直发也能产生弧纹的实用技巧，同时也是打造盘发常用的基本技巧。头发经过拧转处理后不仅拥有漂亮的弧度，还能增大体积感、缩短长度，令盘发拥有更多细节和表现形式。

❤ 基础手法接力教程 ❤

Step1

先将用于拧转的发片选出来，最好选择竖向长方形的发片。

Step2

为了避免拧转时发根松开，可用少许发蜡涂抹表面，减少毛躁的碎发。

Step3

两只手配合，将发束按顺时针的方向往后拧，同时令发根紧绷。

Step4

用手指先按住拧转处，然后用夹子从上往下固定。

Step5

固定时最好找到发量较厚的地方，便于夹子夹稳。

Step6

要进行第二次拧转时，可在第一条发束下方选取，注意发量均等，才能达到平衡的效果。

❤ 拧转技巧的关键 ❤

碎发的收拢原则

　　发质不健康、头发长度参差不齐者，容易在拧转时暴露缺点，可以使用滋润性较强的润发乳或者发蜡，使头发紧致光滑不毛糙。

拧转的方向

　　先想好夹子最终固定的位置再拧转，这样才会让拧转形成的弧线纹路更加匀称，不会出现歪扭、粗细不均匀的现象。

把控拧转的松紧度

　　拧转发束的松紧度决定造型的完美度，发束如果拧转过紧会令发根露出，拧转过松则起不到收拢的效果，导致发型整体下垂。因此要注意把控拧转的松紧度，如果有多股头发需要拧转，也必须让松紧度统一。

交叉 打造自然风格的关键手法

交叉可以塑造媲美多股辫的绞股效果，所形成的纹路比多股编更低调、简约。如果说多股辫散发的是一种华丽、严谨、规则的美感，那么交叉的美则来自于随性、慵懒和漫不经心。

❤ 基础手法接力教程 ❤

Step1
把将要做交叉技巧的头发一分为二，两份的发量尽可能均等。

Step2
靠近脸侧、想要突出瘦脸效果的话，第一次交叉一定是后侧的头发往前叠加。

Step3
两股发束需要较紧凑地相绞，交叉的同时一定要稍稍拉紧发根，才能确保每一股均匀紧致。

Step4
交叉完成后可一手抓住发尾，一手调整绞股的密度，这样做可微调整条绞股辫的匀称性。

❤ 交叉技巧的关键 ❤

交叉的松紧度

一般情况下，头发经过分区交叉后形成的发量会比直发状态下看起来更多，除非交叉的时候用力过度，把头发拧在一起，效果就会大打折扣。

交叉的密度

发量稀疏的情况下，交叉不要过密，每次交叉的间隔距离可以拉大一些，避免交叉把发量"吃"进去。相反的，发量丰盈的情况下，交叉间距小能打造比较突出的效果，效果也比大间距的交叉华丽一些。

发丝咬合度

交叉的发丝咬合度不如三股辫和多股辫强，因此发质细软、过于顺滑者会出现易滑落的现象。为了避免这种状况，可以将头发稍微打毛或使用具有黏性的发蜡，增加发丝之间的摩擦力，减少头发滑落。

Step5
当你需要做下一步的造型时，可以像三股辫一样将外侧的头发稍稍拉松，让发量变得更多。

Step6
然后固定在你想要的地方，继续完成你想要的发型。

撕拉 增加发量的必学手法

撕拉可以让头发变得疏松、具有空气感，对丸子头、发髻、莫西干头这些注重体积感和蓬松度的发型而言，撕拉是令其快速成型的必用技巧。对于发量稀疏的人而言，撕拉也是必学的增量技巧。

♥ 基础手法接力教程 ♥

Step1
先将要撕拉的头发底部固定，用皮筋绑成基本的马尾。

Step2
将头发立起来，两手始终抓住发尾，把头发从中间撕开抓成两份。

Step3
接着把两份头发前后交叠在一起，合并成一股，从中间再次撕开变成两份。

Step4
撕开头发时要慢，尽量拉到底部，头发交错后就能形成更强的蓬松感。

Step5
固定时最好找到发量较厚的地方，便于夹子夹稳。

Step6
要进行第二次拧转时，可在第一条发束下方选取，注意发量均等，才能达到平衡的效果。

♥ 撕拉技巧的关键 ♥

撕拉技巧成功的基本要求

撕拉技巧对于长度一致的头发状况效果最好，相反，头发长度不一的话，过短的那部分头发可能在交叠和撕拉的过程松开，头发就会变得非常毛躁。

撕开的对等原则

头发每交叠一次再撕开都尽量要对半分，这样做可以让同一片头发被拆分数次，就能产生堆叠且略凌乱的效果。如果做不到对半分，会有一部分头发仍属于直发的状况，影响整体效果。

撕拉的深度

每次撕拉都要尽量拉开到底部，到不能再拉开为止。当然随着撕拉的次数越多，再撕开的难度就会更大，这时需要动作慢一些，撕拉深度越深，头发蓬松的形态就会越理想。

打毛 改变软榻发质的基础手法

打毛是一种适用于发根的蓬发技巧，特别针对发根软塌和头皮易出油的发质。如果你的头发又细又软，可以通过打毛发根，在不改变头发外观的情况下获得改善。

❤ 基础手法接力教程 ❤

Step1
打毛前要将覆盖于上方的头发挑开，用尖尾梳划分出薄片，先固定在一边。

Step2
如果头发十分细软，可以先在距离头皮约3cm的发丝处喷少量的定型喷雾。

Step3
密齿梳从中段开始逆向往下梳，重复数次，令发根变得蓬松。

Step4
如果要实现非常蓬松高耸的效果，可以将头发分成2~3层进行打毛。

❤ 打毛技巧的关键 ❤

梳子的选择
用密齿梳逆梳能获得比较好的打毛效果，而简梳逆向梳理的话会导致发根打结。

打毛的力度
许多人认为需要用力刮蹭发丝才能打毛，实际上用力并快速来回刮蹭的方式非常伤发。打毛时应该用轻一些的力道，速度要慢，已经打毛过的地方不宜多次逆梳。

避免凌乱的要诀
打毛应当在头发的里层操作，外层的头发需要如常保持顺直。一些人打毛过的头发显得非常凌乱毛躁，原因是没有预留一层覆盖在表面的头发。

Step5
把step1预留的头发覆盖回去，用梳子轻轻梳顺表面，注意不要碰到打毛过的地方。

Step6
将最外层的头发顺时针拧转1~2圈，再用夹子固定，打毛处就被定型下来了。

CHAPTER 2
学习·工作场合!
超自然经典发型

在学习或者工作中，女人的发型不用太多的修饰，自然飘逸的黑发，更显简练端庄；清晰雅致的妆容，更显妩媚。因此这些场合应该展现出的是每个人最淡雅的一面。

Side

兔耳朵发带做成的扁平长发夹能让发量看起来显得更多。

Back

柔韧钢丝合力"抱住"长发，轻巧无痛，让其他发卡都败下阵来。

无论侧面还是背面，兔耳朵发带做成的发夹绝不会让头发"垂头丧气"。

上课日的快速利落侧绑发

♥ Situation hairstyle handbook ♥

　　害怕上课迟到而没有时间管理发型？其实只需要借助发带与卷发器的帮忙，只需花短短的几分钟就能打造拥有超久定型力的干净利落侧绑发造型。

Step1

将全头头发以内卷和外卷交错的形式上卷，上卷高度约在耳垂平行线的位置。

Step2

左太阳穴位置的头发向右梳，顺时针拧转成股，用夹子固定在右耳后侧。

Step3

左耳后侧的头发也往右梳，同样也是顺时针拧转成股，加固在step2的固定处。

Step4

将兔耳朵发带放置在2/3的位置对折，压紧钢丝将全部头发在右耳后侧"合抱"在一起。

Step5

将钢丝多次交叉对折，每次交叉都要压紧钢丝，呈长扁形，将头发悉数夹拢。

Step6

两端兔耳朵从形成的发圈中穿过即可稳固，整理一下发尾即可。

♥ Tips ♥

可随意塑形的钢丝能做成各种长度的扁平发夹，因为有布面包裹，也比寻常发夹更不易伤头发。反折的圈数越多，"抱力"便越强，支撑力也就更好。如果你的头发属于脆弱发质，害怕使用金属发夹，兔耳朵发带就能派上用场。

Side

用一款别致的发夹来填补
太阳穴两侧过于单调的尴
尬，让丸子造型不仅饱满
蓬松且极具细节感。

Back

编发与干净小卷有效地
收紧了"不听话"的小
碎发"，让发型的背面
显得干净整洁。

无论是侧面还是背面，
以及别致发夹的加入，
都让人体现出朝气蓬
勃的可爱气质。

体现新生面貌的可爱丸子头

♥ Situation hairstyle handbook ♥

　　日系发型潮流中，丸子头是风靡时尚圈最久的一款，它兼具了实用性与美观性，可爱感十足的
日系丸子头让你告别闷热感，还十分减龄。现在就来看看如何打造蓬松饱满的丸子头吧。

Step1
将头发全部往前梳，从头发最底端抽取三束头发逆向编三股辫。

Step2
辫子一直编到后脑勺中央，在偏上方位置扎一个高马尾。

Step3
将马尾分成图中分量的多束。

Step4
每一束头发在手指上绕圈打结，并拉紧发束。

Step5
将打结后的发束往内折，并用一字夹固定发尾。

Step6
用梳子将预留的刘海全部梳向一边并梳理整齐。

Step7
用一个蝴蝶结发夹别在耳朵斜上方，将刘海夹住。

Step8
轻轻拉扯头顶的头发，增加发型的蓬松度。

❤ Tips ❤

　　这款发型的重点在于花瓣形状的发髻，用卷发棒做出的富有弹性的小卷和打结发束的方法，做出发髻的蓬松感，既不凌乱也很能凸显可爱感。

Side
卷发令发丝拥有弹力，充分表现了高马尾的朝气感。

Back
方向不一致但卷曲度都集中在发尾的卷法，令马尾的发量增加不止2倍。

华丽甜美的马尾搭配
小礼服和珠宝配饰，
一定让人印象深刻。

参加新生舞会的甜美马尾

♥ Situation hairstyle handbook ♥

　　参加新生舞会，想要拥有一款既有华丽感又不过于成熟的发型，这款吸睛十足的高马尾最合适不过。记得，光有高度还不够，饱满、富有弹性的发尾才是高马尾散发活力风采的要点。

Step1

将前额上方的头发按 3 ∶ 7 的比例划分，较多发量的部分分为 2 等分。

Step2

采用缠绕的方法，将两股发束交叉形成一条疏松的发辫，注意不要缠得过紧。

Step3

缠绕的同时保持发辫均匀，如发丝凌乱不易操控，可用发蜡帮助碎发服帖。

Step4

将发辫放置在头顶，前端发根即刻形成隆起，用夹子将发辫固定在即将要绑马尾的地方。

Step5

在固定处偏后的位置绑一个基础高马尾，注意要将发辫的末端一同绑好固定。

Step6

卷烫马尾的发尾时不要太规律，将马尾按实际发量分成若干份，用卷发棒卷烫发尾 2~3 圈。

Step7

尽量让相邻的发丝卷曲度错开，按不同方向卷烫发尾，打造出来的发卷更蓬松。

Step8

所有发卷完成之后，用手将卷发稍微拨开，定型喷雾只喷在卷发上，应避开直发部分。

Step9

将马尾根部左右两端的头发展开，用夹子固定在同侧，从正面来看发量更显蓬松丰盈。

Side
蓬松且富有活力感的卷发
让双马尾由呆板变活泼。

Back
特别的"Z"字形分界法
让背面的造型不落俗套。

利用卷发棒和撕拉、打
毛等手法可以让发量稀
疏的人摆脱头发一分为
二后更稀少的尴尬。

参加运动会的朝气双马尾

♥ Situation hairstyle handbook ♥

　　谁说参加运动会的发型只能是单马尾？双马尾一样可以让动感的你更富活力。如果担心简单的双马尾过于单调沉闷，试着用卷发棒来丰盈发量，打造出富有朝气的运动发型吧！

Step1
将头发梳顺，借助尖尾梳按照"Z"字形将头发从中间分为2份。

Step2
刘海的发量要稍微预留得多一些，用卷发棒平卷2~3圈，形成内卷造型。

Step3
预留好的2份头发都用皮筋绑在你喜欢的位置，绑后稍微将发根拉松。

Step4
将马尾分为4~5等分，分别用卷发棒烫内卷，卷烫时可将卷发棒略微倾斜。

Step5
记住卷烫第一份发束时握着卷发棒的斜度，确保每一份头发都这样操作，使卷发不凌乱。

Step6
把所有的直发都烫出卷度后，让发丝稍微冷却一下再接着造型。

Step7
采用撕发的方法让卷度展开，这种手法能令马尾充满空气感的同时避免毛糙。

Step8
一手紧握一部分发尾，另一只手夹着头发，手背朝上将发卷推高，重复数次，立显发量增倍的效果。

Step9
两边马尾都用同法造型好之后，将刘海向左上角盘绕，最后用一个长条形发夹固定即可。

Side

这款清爽甜美的短BOB
头让人一见倾心。

Back

收起的长发增加了后脑勺
的高度，让后面的弧度更
饱满立体。

将长发收起并做好固定
是这款发型的关键步
骤，让成熟的长卷发熟
女一秒中变回乖巧的邻
家女孩。

兼职打工的利落甜美发型

❤ Situation hairstyle handbook ❤

　　打工兼职时过长的头发总是很不方便，但蓄了很久的头发舍不得剪掉，又很想尝试短发的造型，
那不如来玩场短发伪装术，用橡皮筋、发夹就能将长发打造出当下最潮的BOB头，心机了无痕，更
可以巧制刘海，升级你的短发形象。

Step1
将头发分成上下两个区域，下半部分的头发用来编发。

Step2
下半部分头发编成紧密的三股辫后用橡皮筋绑住发尾。

Step3
将辫子绕至脑后，在后脑勺正中央下方绕圈盘成一个发髻。

Step4
将上半部分的头发放下，盖住发髻后用鬃毛梳将卷发梳理蓬松。

Step5
将卷发棒45°角摆放，向外卷烫头发尽可能夹到离发根最近的距离。

Step6
一只手拉住发尾，另一只手食指和中指轻轻夹住头发向上拨弄。

Step7
用梳子将刘海往一个方向梳理整齐。

Step8
加上一个富有可爱感的蝴蝶结发夹，让这款短发更有范儿。

❤ Tips ❤

长发收短的技巧是将内层头发收起，利用外层头发放下遮住收起的部位，外层尽量蓬松才能很好地掩盖内层盘起的发髻。

Side
高贵典雅的珍珠发夹令整个造型更加有气质。

Back
轻盈的螺旋卷让马尾充满了弹性。

刘海的编发让人清爽又甜美，配合用交叉拧转手法做出的侧马尾，是连细节都很完美的发型。

气质编发让求职更有自信

♥ Situation hairstyle handbook ♥

　　求职应聘既要清爽利落也要美丽大方，气质盘发与充满弹性的马尾，成熟又不失可爱，配白衬衣让人更加有自信。

Step1
用尖尾梳分出上半区右侧的头发，梳理好准备编发。

Step2
刘海斜分，将发量多的右侧刘海向右沿脸部轮廓编成粗麻花辫，略微遮住额头。

Step3
编至耳后，与耳朵边的头发一起往下继续编成一股麻花辫，放在右侧。

Step4
注意编发辫时不要拉太紧，编好后用皮筋绑住发尾。

Step5
将后面的头发向发量少这边倾斜，分成两份。

Step6
将两股头发向左侧交叉拧转成一股，并在左耳后方位置绑成一个基本的马尾。

Step7
将马尾按发量多少分为若干等分，卷发棒纵向倾斜向外翻卷至捆绑处。

Step8
每份头发卷烫时都略久一些，这样才能让卷度更加突显。

Step9
用卷发棒卷曲披散的头发，使其更加自然。

Step10
整理一下头发，将散落的头发整理好用发夹固定。

Step11
一只手轻轻握住发尾，喷洒定型喷雾。

Step12
最后选择一款精致的发饰扎在捆绑处即可。

Side
可爱又俏皮的猫耳造型洋溢着青春的活力。

Back
只有 1~2 个卷的发尾既不呆板也不过分夸张。

因为做出了猫耳朵的形状，让原本成熟的卷发多了份青涩与俏皮。

见习面试的优雅而有规律长发

♥ Situation hairstyle handbook ♥

见习面试不能总是清汤挂面，一丝不苟的发型，过于沉闷也会令人乏味。优雅而有规律的长发，给人一种正经而又不失阳光开朗的感觉。

Step1
分出刘海，卷发棒平行向内卷曲发尾半圈。

Step2
将头发分为左、右、后三区，后面的头发分为若干等分。

Step3
脸部两侧的头发用卷发棒纵向向外翻卷至发根部，在两侧自然形成一个向外翻卷的弧度。

Step4
采用内外交叉的方式进行卷烫，使发卷更加蓬松、明显。

Step5
卷烫的时候停留时间略久一些，让卷曲度更加明显。

Step6
卷烫正背面的头发时，卷发棒平行从发中开始卷烫至发根。

Step7
用手插入发根部，由内向外拨散发卷。喷上发胶使发卷形状保持更久。

Step8
一手拉住发尾，另一手指夹住发尾，手背朝上推，增加头发的蓬松感。

Step9
用手抓取发卷往上推并轻轻揉搓，使发卷均匀沾上发胶并形成向上收缩的弹力感。

Step10
抓取额角两侧等量的头发。

Step11
将头发往后扭转，稍微向前，用发夹固定在后脑勺上方；另一侧头发同样处理。

Step12
将两股剩余的发辫用发夹固定在一起。

Side

刘海的拧转收紧与饱满的
头顶，从侧面看起来高调
而富有层次。

Back

精致华丽的发夹让发型看
起来更整洁，也让整体造
型更完整。

一款简洁利落适合职场通
勤的优雅发型，能够让你
一整天都精神焕发。

拒绝无精打采的职场通勤发型

　　有人说要选择一份自己喜欢的工作，这样在太阳升起的 8 个小时中你才会是快乐的，在这段时间里你要完成或繁琐、或紧张的工作，要保持充足的精力和清醒的头脑，当然还有美丽整洁的形象。

Step1
预留出刘海的发量，双手拧转刘海将发尾向内收，用发夹固定。

Step2
从头顶选出部分头发，双手握住发束向右拧转至发根。

Step3
用手稍稍将拧转的发束向上推，让发顶稍微拱起用发夹固定。

Step4
收起两鬓剩下的头发，双手拉着发尾将发束向前拧转。

Step5
两鬓拧转后的发束绕至后脑勺，分别交叉在后脑勺中点，用发夹固定。

Step6
最后在后脑勺中间发夹的位置别上一个精致的发饰，让发型更加完整。

❤ Tips ❤

在头顶上整理出的发量不宜过多，但一定要有蓬松感，不要紧贴头皮，这样才能让整体发型立体大方，保持一整天的干净利落。

Side
清爽利落的鬓间，洒落的是职场女神的从容和自信。

Back
利落发型的背面藏了一个精致的蝎子辫，突出细腻细节。

毫不遮掩的自信神情，全靠光洁利落的发型成全。

开会一整天也能保持整齐造型

❤ Situation hairstyle handbook ❤

　　职场发型以造型简洁和突出自信气质为首要原则，一定要避免拖泥带水和画蛇添足。露出前额的盘发搭配与套装同一色系的发带，可以让拘谨的格子间里焕发一股清新之风。

Step1
将头顶区域的头发往后梳，依照中轴线向下编加股的三股辫。

Step2
编到发尾结束，为了方便编发可以拉到前面，发尾用胶圈绑好。

Step3
辫尾内卷，并且慢慢绕进发根的内部，将辫尾完全藏好，然后用夹子固定。

Step4
令盘发的末端位置居中，将碎发也一并用夹子收进盘发座内。

Step5
前额上区的头发向后抓顺，借助少量定型喷雾定型。

Step6
兔耳朵发带穿过盘发底部，需压住前额上翻的刘海，在右额角打结即可。

❤ Tips ❤

如果开会的时间很长，不建议选择需要靠造型产品维持卷度和立体度的发型，一来持久度可能不太理想，二来过香的香气也会令他人不悦。建议通过此类盘发技巧梳一个简单大方的发型。

Side
随意将刘海盘在耳后，
正面迎人的是利落干练
的气质。

Back
略带弧度的卷发，卷而
不乱，给人简洁明了的
感觉。

刘海处的头发用发夹固
定，可以使发型保持整
洁，即使工作一天发型
也不会乱。

适合商务会面的 OL 卷发

♥ Situation hairstyle handbook ♥

　　如果认为职场女性只能盘发或者扎马尾，那就太落伍啦！其实卷发也可以很"OL"哦！但切记，
职场的头发卷曲度与日常是有区别的，中卷才是比较合适的选择。

Step1
分出斜刘海，用卷发棒稍微夹一下头顶区域的头发，使其自然蓬松。

Step2
从旁边的头发开始卷烫，卷发棒微倾向内卷曲发尾 2~3 圈。

Step3
选取边分的刘海，卷发棒倾斜向内卷曲至与太阳穴平行的位置。

Step4
离头发稍远一些喷上发胶，并用手左右移动头发，使头发均匀沾上发胶。

Step5
双手插入头发根部，由内向外拨松头发。

Step6
用手指顺时针抓松发卷，使发卷形成螺旋卷曲的样子。

Step7
将头发分成两股，从眉峰处开始交叉打转成一股发辫。

Step8
用手指轻轻拉松发辫，让发辫看起来更加自然。

Step9
将发辫绕到左耳上方的位置，用鸭嘴夹固定。

Side
侧面可以清楚的看到头
发盘出的形状，加上蝴
蝶结发夹的运用，分外
柔美。

Back
从头顶处开始编出的多
股辫，有效延伸了发型
的整体视觉效果。

得体的盘发既能表现出礼
貌和尊重，同时又保证举
止自如，还能够帮助提升
优雅的气质，给客户留下
好印象。

拜访客户的得体盘发造型

♥ Situation hairstyle handbook ♥

　　拜访客户是事业中非常关键的步骤，一次成功的会面和洽谈很有可能会给事情带来新的转机。
拜访客户时不仅仅要礼貌细致，也同样要得体大方，而不是小心翼翼的做作。

Step1

从耳朵上方的位置开始，在头部后方将头发分成上下两部分。

Step2

将上半部分的头发从额头中央的位置开始编发，不留出刘海的发量。

Step3

上半部分的头发全部完成编发之后，再继续把剩余的发梢继续做麻发辫编发。

Step4

把编发的发梢编至末端无法继续编发的程度，然后准备好小夹子固定。

Step5

将编发的发梢卷曲在一侧耳朵后下方的位置，用小夹子固定好。

Step6

最后在固定好的发梢上方扎上端庄大方的蝴蝶结，发型就完成了。

❤ Tips ❤

　　上半部分头发的编发要采取类似蜈蚣辫的编法，不熟悉编发，多练习几次就能掌握了。编发要整齐自然才能让发型看起来美观大方，选取的蝴蝶结要大方并且色泽明亮。

Side

编发与拧转同时运用在头顶与两侧，让人看起来简约而不简单。

Back

两侧的头发将与马尾的结合，让中间部分的头发看起来柔顺整洁。

出差时绝对不能因为做发型而浪费了宝贵的时间，所以简单快速却不失精致的发型一定要学！

出差快速完成的精致 OL 绑发

❤ *Situation hairstyle handbook* ❤

出差时的步伐总是很匆忙，而且面对小小的行李箱常常会发出"怎么没有"的困惑和焦虑，你是不是到了出差地点常常找不到东西？出差资料万万不能漏掉，但是却常忘记带一些美发小工具，因此为了能够快速地应对出差事务，你需要的是一款极少工具就能够快速完成的精致 OL 绑发。

Step1
留出刘海的发量后，在头顶一侧取一股头发编一小节辫子后拧转到耳朵上方的位置。

Step2
用小夹子把头发固定在耳朵上方，要保持拧转的头发不会松散变形。

Step3
然后把发梢和同一侧余下的头发一同扎在后颈的位置，不需要扎得太紧。

Step4
接下来把头顶位置另一侧的头发也同样编辫子后，拧转固定在耳后的位置。

Step5
用直径为 28mm 的卷发棒卷曲刘海，使刘海向内微微弯曲，打造自然蓬松感。

Step6
最后把两侧的发梢在后颈的位置扎成一股斜侧的马尾，再绑上一个漂亮的蝴蝶结。

♥ Tips ♥

虽然是快速整理出的发型，但是一定不能省略对刘海的打理，蓬松自然的刘海是发型的关键，能让发型精致完美。

Side
过肩的中长卷发，随意
又自然，具有浪漫的小
女人味道。

Back
卷度集中在中部以下位
置，不会显得过于凌乱。

外翻荷的卷发加上富有质感
面料的职业装，再加上精
致的配饰最能体现成功女
性气质。

适合商务出行易打理的柔顺中卷

　　越是忙碌的时候，越要拒绝邋遢。一款容易打理又富有柔顺感的卷发绝对是商务出行、洽谈业
务的首选。固定的刘海就算忙碌一整天也不泛油光，清爽宜人。

Step1

将头发分成三七分，选取头顶两侧的头发，用卷发棒稍微夹一下，使头顶的头发自然蓬起。

Step2

卷烫侧面头发时，卷发棒倾斜向内卷曲至发中。

Step3

接着将头发分为上下两区卷烫，使发卷更加匀称整齐。

Step4

将偏分的刘海用卷发棒倾斜向外翻卷至发根。

Step5

将刘海分为 3 份，轻轻推高往后固定在头顶区域。

Step6

取一束左侧脸部附近的头发，用卷发棒纵向向外翻卷至发根，形成自然外翻的弧度，修饰脸部线条。

Step7

从发辫下取一束头发用卷发棒向外卷烫发尾 1 圈。

Step8

一手拉住发尾，另一手指夹住发尾，手背朝上推，增加头发的蓬松感。

Step9

用手插入头发根部，由内向外拨散头发，同时喷上发胶定型即可。

Back
内卷的刘海将碎发很好
的隐藏起来，侧边的卷
发也让背面造型更干净。

在事业的旋盘里勇往直前
的清晰时代女性，出席商务
社交场合时一定不能缺少
这款优雅的盘发。

商务社交出众的优雅盘发

♥ Situation hairstyle handbook ♥

　　社交一直是人类所热衷甚至着迷的场合，因为短短的几分钟就极有可能会给人生带来转机，并且转机的好坏难以定夺。因此社交场合应该展现出的是每个人最雅致的一面。

Step1

用细柄梳子的末端在头顶的位置整理出一片接近圆形的头发，发量稍多一些。

Step2

将整理出的头发的发梢轻轻拧转，只需要拧转到头发 1/3 的长度。

Step3

把拧转好的发梢用小夹子隐藏在头发中，并固定在耳朵上方的位置。

Step4

将剩余头发的发梢分成 2~3 股，并把发梢卷曲呈圆筒形状。

Step5

用小夹子固定住发梢的圆筒形状，并且将几股头发的位置做好上下层次的调整。

Step6

最后选择一款小巧精美的蝴蝶结，扎在耳朵后下方的位置即可。

♥ Tips ♥

刘海的位置很关键，因此头顶位置的发量选取时不能从正中央开始选取，而应从额头侧边开始选取，否则发型就会比较生硬和奇怪。

这个打结式的盘发看上去随意、优雅，属于简约派风范。

Back
这款发型告别了以往花苞头的做法，利用打结就可以完美呈现。

佩份刘海上卷的角度有效提升了视觉，将重心转移到眉毛以上，让脸型看起来似乎更加小巧。

突显领导风范的欧美发髻

♥ Situation hairstyle handbook ♥

欧美发型更崇尚简约气场的感觉，所以在发型设计上多采用利落的扎法。利用打结发髻来点缀发型，感觉优雅大方。看似复杂的打结发髻，别致造型其实很容易打造。

Step1

对前额头发进行分层倒梳，让发根站起来，使头发表面蓬松。

Step2

将刘海拉向一侧，双手理顺头发，从发尾开始将头发向上卷成一个圆筒。

Step3

用一字夹从上方垂直插入卷筒中，将卷筒固定在太阳穴位置。

Step4

利用剩下的头发扎一个马尾，用橡皮筋绑住。

Step5

从扎好的马尾中抽取一小束头发以备打结使用。

Step6

用一根手指扣住发束，另一只手提起发尾绕圈打结。

Step7

将打结后的发束内收卷成一个圆圈，并用发夹固定在头顶。

Step8

用发夹插入发髻中，微调形状，让发髻与头皮更近一些。

------ ♥ Tips ♥ ------

　　打结有多种技巧，能控制长发，快速完成一款别致的休闲发式。打造这款发髻需要有足够纹理，太顺滑的直发会增加难度，而头发太卷曲做出来效果会很乱，所以在直发基础上增加蓬松度就可以了。

Side

散落的头发蓬松又自然，
轻轻散落在肩膀上凸显
小女人的独特知性美。

Back

将两股辫在后脑勺反复绕
圈所形成的花苞，让背面
看起来饱满而富有活力。

将两鬓处留下的一缕头
发，做出卷曲度，能有
效的修饰脸型，达到瘦
脸的效果。

出席仪式典礼的气质发型

♥ Situation hairstyle handbook ♥

　　增加头顶的厚度会令人显得高贵，散落一侧的温柔卷发搭配典雅的礼服，不管是出席仪式或典礼，
都能体现高贵优雅的气质。记得撕发前对头发进行打毛处理，会有更好的蓬松效果。

Step1

将前额刘海往后梳，拧转刘海直至头顶耸起，用发夹固定。

Step2

从散落的头发中取两束头发，相互缠绕交叉成两股辫。

Step3

用手向外轻轻拉扯两股辫，使得辫子蓬松以便做造型。

Step4

将两股辫向上盘起，在后脑勺绕圈用发夹固定。

Step5

依照上述方法反复几次，直至后脑勺显得饱满为止，最后用手拉扯微调。

Step6

用发夹将突出的头发收好，使多股发束之间变得紧凑。

Step7

取部分肩膀散落的头发，用食指和中指夹着，上下起落拉扯，打造蓬松感。

Step8

将被打毛的头发进行撕拉，手指轻捏头发分别向外拉扯，使得发尾更加蓬松。

❤ Tips ❤

　　头发过少很容易显得人没有活力，呈现出老态，想要令发量显得厚实蓬松一些，除了烫发之外，随时都可以自己实现的就是撕发。无论是马尾还是披发，都可利用撕发来实现快速增发的目的。

Side

从头顶延伸至额头的盘
制造出假刘海的感觉，
处贴合的发型让耳
脖子的线条完全显
。

Back

部分的头发做出
再融合起来，看
的盘发其实只需几
完成。

你也想要成为宴会上的闪
耀女主吗？那就从头做
起，风格出众的魅力发型
会凸显十足女主范。

商务宴会优雅的魅力盘发

　　画着精致妆容、身段优雅的女子轻轻晃动着手中的高脚杯，笑容温婉动人，端庄气质流露无遗。
精心装扮出席的女子们仿佛比钻石还闪耀，却又不失优雅、谦和的气质，一颦一笑都令人赏心悦目。

Step1

首先把头发从后脑勺中间分成上下两份，分别扎成马尾并用一缕头发将发圈遮盖住。

Step2

将上半部分的头发翻至额前，并将发梢的头发拧转至马尾中间部位。

Step3

然后把拧转好的发梢绕进马尾的皮筋处，用小夹子固定并隐藏好。

Step4

将下半部分的头发分成几股，并用小夹子固定在后脑勺的位置。

Step5

同样将上半部位的头发分成几股，然后轻轻拱起并把发尾扎在头发里。

Step6

扎好头发并整理好后，在侧下方别上一款典雅大方的发饰即可。

❤ Tips ❤

这一款晚宴盘发的重点在于刘海的打造，拧转的头发固定时略微侧偏一些，不要扎在额头的正中央，这样才能打造出复古女王范。

CHAPTER 3
运动·休闲场合！
超清新人气发型

　　运动或休闲也是彰显个人品位、气质的最佳时机，或许也是观众最多的时候。因此这些时候一定要把自己打扮好，展现青春活力的最佳面貌，一款活力完美的卷发就是极好的选择。

Side
隆起的发包拉长了脸部
线条，让人看起来更加
清爽精神。

Back
蓬松且充满弹性的弧度
让马尾看起来活力十足。

如果担心马尾不够坚
固，可以用发带再次
将其固定，就算剧烈
运动也不用担心头发
会散落。

户外运动的活力清爽发型

♥ Situation hairstyle handbook ♥

日常生活习惯了披发，在运动时可以尝试清爽的高马尾，如果感觉这样会显得发量过少，可将
马尾烫出一些蓬松的弧度。

Step1
用尖尾梳分出刘海及头顶区域的
头发，向上梳理整齐。

Step2
将头发逆时针拧转成一股发辫。

Step3
剩余的头发全部往高处梳理，和
多出的发辫一起绑成一个基本的
马尾。

Step4
用手将发尾撕开，使马尾看起来
更加丰盈。

Step5
将马尾按发量分为若干等份，用
卷发棒开始卷烫。

Step6
按照内外交叉的方法卷烫，丰盈
发量，使发卷看起来更加明显。

Step7
喷上发胶定型，使发型更加持久。

Step8
一手拉住发尾，另一手指夹住发
尾朝上推，使马尾充满空气感。

Step9
将发带从头顶往两侧穿过，在后
颈上方打结系好。

Side

大方地将刘海拨开，向上翻烫后五官会显得更立体。

Back

发尾做弹性的卷烫，高高扎起的发髻令俏皮感和时尚感倍增。

如果想要达成露额发型，但是刘海过短不能做出多层次的效果的话，就用烫发来解决吧。

游乐场疯玩的露额发型

♥ Situation hairstyle handbook ♥

　　每次去游乐场坐过山车、玩海盗船等娱乐设施后，发型总是乱糟糟的，尤其是刘海，还会因出汗而变得很油。不妨利用卷发棒与发泥，让外翻的刘海和发丝乖乖听话。

Step1

从头顶取一束头发，用中号卷发棒对刘海进行向后翻烫。

Step2

另外挑选稍微靠后的另一组头发进行向内卷烫。

Step3

手指插入卷烫后的刘海中，向上提拉并喷上定型喷雾。

Step4

从后脑抽取一束头发，盘成一个发髻，用发夹固定。

Step5

对下半部分的头发进行卷烫，从后向前抽取发束，向内平卷1圈半。

Step6

双手分别握着卷发棒的前后端，向内平卷1圈半。

Step7

用手指沾取适量发泥，在掌心揉开，然后轻揉发尾再松开。

Step8

双手向两边轻轻拉扯头发，让发尾自然蓬松。

Step9

一手拉着发尾，另一手将头发向上推起，让头发堆积集中。

Side

两侧完全不同风格的发型，让人无论从哪一面看都有惊喜。

Back

背面可以完全露出脖子的发型，能更清楚的展示背部线条。

得体的盘发既能表现出礼貌和尊重，同时又保证举止自如，还能够帮助提升优雅的气质，给客户留下好印象。

活力完美的逛街卷发

♥ Situation hairstyle handbook ♥

　　逛街是众多女人最大爱好之一，就连宅女们在偶尔出动时也会"盛装打扮"，逛街不仅仅是单纯选购，更是展现个人品位、气质的最佳时机。因此逛街的时候一定要把自己打扮好，展现青春活力的最佳面貌，一款活力完美的卷发就是极好的选择。

Step1
从额头一侧的位置开始编两股辫
子，靠近耳朵上方的编发发量稍
少一些。

Step2
靠上的编发用皮筋扎好并固定，
另一股的编发则用小夹子固定好
即可。

Step3
将剩余的头发全部往另一侧梳
理，用直径为 28mm 的卷发棒
来卷曲。

Step4
选择两个小巧精致的发夹，别在
编发一侧耳朵上方的位置，让编
发更加精致。

Step5
用吹风机朝着松散的头发根部吹
理，让头发根根分明增添自然蓬
松感。

Step6
最后可以使用一些蓬发剂喷洒在
发根上，让头发的造型更加持久
自然。

-------------------- ♥ Tips ♥ --------------------

　　编发和蓬发的比例大约为 1：3，这样能让头发更加自然，松散的头发一定要梳理整齐并且做好定型，才能让头
发在逛街过程中保持完美造型。

Side
白色的蝴蝶结发箍很好
地点缀了编发，既俏丽
又减龄。

Back
黑色发带巧妙地隐藏了
发夹，让后脑勺看起来
不单调。

选用小直径的卷发棒卷出
的发卷更小巧，比起大卷
的妖媚更显青春活力。

和闺蜜约会的小心机编发

♥ Situation hairstyle handbook ♥

　　普通的直发缺乏生气，卷发又容易被风吹得散乱，出门与闺蜜约会该怎么弄发型？借助卷发棒
做编发，会让编发既轻盈又有层次感。

Step1
卷发棒微倾，向内曲卷发尾2~3圈。

Step2
两侧的头发用卷发棒向内卷曲至
与太阳穴平行的位置，注意发卷
的位置不要太靠上方。

Step3
双手插入发根，由内向外拨散发卷。

Step4
用尖尾梳将头发从额角分成大
偏分。

Step5
从左侧耳尖上方与太阳穴平行的
位置，往头顶至右耳方向编麻花
辫，编发时就近加发。

Step6
编刘海时将发辫编在发际线上方，
露出额头。

Step7
将编好的发辫和剩余的头发分成
3份，编在右侧。

Step8
用手将编好的发辫轻轻拉出一些
头发，往后塞入发辫里，形成包
裹住发辫的感觉。

Step9
注意脸颊处的发辫要拉松，起到
修饰脸形的作用。喷上发胶定型，
保持发型的持久性。

Side
黑色的碎钻蝴蝶结发夹
将刘海完全固定，让人
看起来十分甜美。

Back
散落的头发建议做出整
齐的卷度，这样才能显
得甜美，过于随性的卷
发则凸显成熟感。

整齐的卷发搭配甜美的连
衣裙，营造出童话里梦幻
公主的造型。

享受午后阳光的梦幻披发

♥ Situation hairstyle handbook ♥

　　下午茶是一个让人充满梦幻的词语，会让人联想到有着细腻印花图案又精致优雅的陶瓷小茶杯，还有散发着幽幽香气的小点心。不仅如此，或许保持下午茶的美丽好心情才是更重要的，因此，换一款梦幻披发和好友一起享受美好的下午茶时光吧。

Step1

从一侧眉尾以上的位置，把全部刘海向另一侧梳理。

Step2

整理出头顶部位的头发后，从额头侧角位置开始编辫子至发梢。

Step3

把编好辫子的发梢隐藏在耳朵上方的头发里，并用小夹子固定好。

Step4

然后在固定住发梢的位置扎上一枚精致的蝴蝶结头饰，增添发型的甜美感。

Step5

用直径为28mm的卷发棒来卷曲发梢，卷发棒不需要用太高的温度。

Step6

然后用卷发棒将整体头发都打理一遍，卷曲至大约与耳朵平行的位置即可。

------------------------ ❤ Tips ❤ ------------------------

这一款发型比较适合卷发的人，梦幻甜美度会更加分，而垂直的长直发打造成这款造型会另有一番气质风味，打理的时候注意头顶部位的头发要自然蓬松，辫子以整洁利落的感觉最好。

Side

兔耳朵悄悄将发髻"垫高"，旁人看不出的小巧思却是发型持久不扁塌的秘密所在。

Back

"围起来"的发髻看起来更加精致，不会感到比例失衡。

兔耳朵发带的存在将发辫和发髻部分完美串联在一起，让发型更具整体感。

野餐郊游的阳光发簪

♥ Situation hairstyle handbook ♥

　　野餐郊游想要弄个别致的发簪？将兔耳朵发带绕在盘发的底部，这既能起到填补发量不足的作用，也能装饰发髻侧面，将普通发髻的精巧度再度升级。

Step1

以两耳最高点为斜切线，将前面的头发分区，中分之后分别编成大小两个三股辫，细发辫在前。

Step2

四条发辫均在头顶交叉，藏好辫尾，剩余的头发编成一个粗的三股辫。

Step3

将三股辫按逆时针的方向往上绕，盘成一个扁圆髻，辫尾藏进头发深处，用夹子固定。

Step4

将过紧的发辫拉松，使发髻的体积增大并且变蓬松，再用多枚夹子加固。

Step5

兔耳朵发带先从发髻的顶端往下绕一圈，再回到顶端位置打结。

Step6

调整兔耳朵的位置，使它刚好位于右耳的后侧即可。

------------------------------ ♥ Tips ♥ ------------------------------

　　兔耳朵发带当做发圈使用的好处在于，比一般没有任何支撑力的发圈更能"垫高"发型，尤其是在发量多，又打造成低矮发髻的情况下，需要发饰予以支撑。另外，兔耳朵发带的可塑性更强，能根据你接受的"张扬度"来定"耳朵"长短。

Side
斜刘海很好地修饰了脸部线条。

Back
强调密度的卷发营造华丽丰盈感，厚重的大波浪卷发给人一种女人味十足的感觉。

慵懒随性的大卷发搭配太阳镜和抹胸长裙，浓郁的度假风格完美呈现。

适合度假的慵懒随性大卷

♥ Situation hairstyle handbook ♥

就像阳光、沙滩与比基尼是度假的标配一样，太阳镜、大卷发、性感长裙同样是度假造型的必备元素。这样一款慵懒随性的大波浪卷发也会让人变得性感起来。

Step1
选用大号的卷发棒，从侧面抽取一束头发，倾斜向内卷曲至发中。

Step2
挑取左侧下部分的头发，卷发棒倾斜向内卷曲至耳垂下方。

Step3
卷烫位于偏下位置的头发时，将头发稍微往外拉，有助于长度收缩，使头发充满空气感。

Step4
分出右侧的刘海，抽取刘海后的头发，卷发棒倾斜向内卷曲至发根部。

Step5
抓取分好的刘海，卷发棒倾斜向外翻卷至发根，形成一个自然外翻的弧度。

Step6
双手插入发根，由内向外拨散头发，营造出丰盈的空气感。

Step7
在离头发稍远的位置喷定型喷雾。

Step8
双手往上托高发卷，使发卷更富有弹性。

Step9
用手撕开卷发，这种手法能够避免卷发变得毛糙。

Side 往上梳的刘海露出美丽的额头，显得更加清爽利落。

Back 从后面看，卷度直径较大，更显自然随意。

具有热带风情的发箍与卷发搭配出夏威夷式的假日风情。

海岛旅游的风情发箍

♥ Situation hairstyle handbook ♥

　　海岛旅行就要尽情的享受灿烂的阳光，不用担心被海风吹乱露额的清爽卷发。碎花发箍与印花服装的搭配令整体造型充满了浓郁的热带风情。

Step1

将头发分为上下两个区域，下部分头发再分为 3 等分，用长尾夹区分。

Step2

从下部分的头发开始卷烫，卷烫时卷发棒倾斜向内曲卷发尾 2~3 圈。

Step3

卷烫完所有的头发后，手指插入头发里抬高头发，均匀喷上定型喷雾。

Step4

双手插入发根，由内向外拨散头发，使头发充满空气感。

Step5

选取脸部两侧的头发，卷发棒倾斜向内卷曲至与太阳穴平行的位置。

Step6

向上抓取刘海，用梳子梳顺，准备编发。

Step7

将刘海向上顺时针拧成一股发辫，注意离发根位置要有 6 cm 左右的距离。

Step8

将发辫稍微往前推高，用发夹固定。

Step9

最后在发夹的位置戴上具有度假风情的碎花发箍。

Side

侧梳发充满复古女人味，
亮色发带的加入又增添
了整体造型的活力。

Back

简单的拧转能让发尾产
生自然的卷度，侧披到
左肩尽显小女人韵味。

通过不断拧转产生富
有层次的侧梳造型，
再用亮眼的发带进行
固定，就算旅行再闷
热也不怕。

避免头发凌乱的侧梳发

♥ Situation hairstyle handbook ♥

　　旅行过程中每个人都会留下许多美好的照片，但在美丽景色映衬下的画面中自己的发型显得很
凌乱，形象不尽人意。因此要在美丽景致下留下漂亮的影像，就要告别凌乱糟糕的发型。

Step1
留出刘海的发量后，在头发右侧分出一股头发用皮筋扎在头发中间的位置。

Step2
用手拧转扎好的那股头发，将发根部位靠在右耳的后方，用小夹子固定好。

Step3
在右耳下方再取一股头发与第一股头发一同拧转，用小夹子固定在后脑勺。

Step4
使用多个小夹子，把拧转后的头发整理好，固定出完整的造型。

Step5
将丝巾从耳朵后方绕至头顶扎成蝴蝶状，蝴蝶结靠在头顶偏右侧。

Step6
最后将头发拨到左肩的位置，并整理好发尾让头发整洁自然。

------------------- ❤ Tips ❤ -------------------

　　丝巾不仅可以稳固将整体发型，使头发不易散落，还能为头发增添一丝甜蜜气息。丝巾要扎牢，但也不能扎得过紧。选用碎花系颜色较为鲜艳的丝巾更能增添旅行的愉快心情。

Side
微微侧分的刘海与鬓角
有修饰脸型的效果，让
脸型看起来更立体小巧。

Back
将头发拧转后，会让其
富有光泽感，令整款发
型的质感进一步提升。

如果不喜欢花式发饰，也
可以选用发带或发箍，一
样能营造俏皮的风格。

适合朋友聚会的俏皮侧马尾

♥ Situation hairstyle handbook ♥

　　要在亲人面前展现俏丽的形象吗？要在朋友聚会上给对方留下美好的印象吗？一款简单利落的侧马尾就能够帮你实现，减龄感十足的活力造型能够让你在聚会上更引人注目。

Step1

留出刘海发量，从左侧取一小部分的头发握在左手，并将右耳齐平线以上头后右半边的头发向左边拧转。

Step2

将左手握着的头发之外剩余的头发加入到拧转中，合成一股头发。

Step3

将头发拧转到左耳下方，并用小夹子固定好。

Step4

将左侧留出的头发拧转至发尾，直到发根变紧。

Step5

将拧好的头发靠拢并扎在第一股头发的固定处。

Step6

在左耳上方系上你喜爱的花式发饰，以修饰整个发型。

♥ Tips ♥

侧马尾的卷度也很有讲究，从颧骨位置开始内卷，可以适当包裹住脸部，柔和颧骨的轮廓，让脸型更完美。

Side
花朵发饰的运用让侧面
造型看起来十分甜美与
华丽。

Back
随性而又不杂乱的背面
造型能有效改善慵懒的
形象。

轻柔的日系绑发让你尽情
享受家庭聚会的轻松愉
快，当一个不失清新魅力
的美丽宅女吧。

家庭聚会上的轻松日系绑发

♥ Situation hairstyle handbook ♥

　　在家人面前我们应该保持最轻松自然的状态，没有任何做作和拘束。因此，家庭聚会时不需要
过于复杂华丽的装扮，发型也同样简洁大方即可，一款日系绑发就能够让你变回美丽可爱的少女。

Step1

留出刘海的发量，将耳朵齐平线以上的头发在右耳后的位置绑成紧贴头皮的半马尾。

Step2

在橡皮筋 1cm 以上的位置挖开一个小洞，将马尾从中穿过置于肩膀前。

Step3

将剩余的散发分成左右 1：2 的发量，并用橡皮筋把右边头发的发尾扎起成圆形。

Step4

把右边发量较多的一股头发向上弯曲盘起，用小夹子在靠拢马尾处固定。

Step5

左边剩余的一股头发用发圈扎在中间部位，同样向上弯曲盘起靠拢前一股头发扎好。

Step6

将花式头饰固定在半马尾处，即右耳后上方。

❤ Tips ❤

刘海的适度蓬松感是发型立体的关键，拧转的发束不需要扎得过紧，松松散散的感觉才能打造出宅女的可爱气息。选用一个浪漫的花朵发饰装点在侧面，透出小女人的味道。

Side

细密连贯的发卷充满了
弹力感，令整个发型充
满了动感的朝气。

Back

别出心裁的低马尾令蓬
松的卷发看起来不会过
分夸张。

头顶蝴蝶结的盘发与发尾
处双马尾的有趣发型，赶
走生日聚会变得乏味的一
切因素。

让聚会充满欢乐的灵动发型

♥ Situation hairstyle handbook ♥

　　不是只有 Lady Gaga 才能顶着蝴蝶结盘发到处炫耀，试试这款轻盈小巧的蝴蝶结盘发吧，既不过
分夸张，又不失灵动俏皮。

Step1

先将刘海和头顶处的头发扎起，用卷发棒卷烫侧面的头发。

Step2

卷烫正背面的头发时，将卷发棒持平卷烫，使发尾卷度更饱满。

Step3

用尖尾梳挑出刘海的发量，梳顺整齐。

Step4

用皮筋将刘海绑好固定，将绑好的发辫分为若干等份，在发尾卷成一个小发圈。

Step5

将卷好的发圈用夹子固定在皮筋处，形成一个蓬松的发包。

Step6

将发包均匀分成2份，分别用发夹固定，形成一个蝴蝶结形状。

Step7

用手轻轻拨散头发，同时在离头发稍远的位置均匀喷上发胶。

Step8

采用撕发的方法让卷发展开，令发尾充满空气感的同时避免毛糙。

Step9

在发中偏下位置取一束头发缠绕成马尾状，并用隐形皮筋固定。

兔耳朵悄悄将发髻"垫高",旁人看不出的小巧思却是发型持久不扁塌的秘密所在。

Back

侧面蝴蝶结的点缀让长卷发多了柔美之感,和正面的感觉又立马旗帜分明起来。

立体有型的蝴蝶结让前额的发卷显得不那么"孤立"了。

派对绝对女主角的立体发型

♥ Situation hairstyle handbook ♥

　　每次举办派对都要为做什么发型而苦恼,总是担心别人看不到自己?别担心,兔耳朵发带就能解决你的所有遗憾,还能令蝴蝶结飞扬在任何你喜欢的地方。

Step1

抓取适量的前额发，用梳子往前梳顺，再用少许发蜡抚平表面。

Step2

从发尾开始向内卷，慢慢卷成小卷直至前额的发鬓线边缘。

Step3

用两根手指压住发卷，维持卷筒造型，在两端分别用几枚夹子固定夹稳。

Step4

两边鬓角塞到耳后，再用发蜡向后抚顺，不要留出多余的碎发。

Step5

兔耳朵发带从全部头发下方穿过，经过两边耳后往上系，在刘海根部交叉。

Step6

在右上角的位置交叉 2 次，再将兔耳朵两端的布面撑宽就完成了。

❤ Tips ❤

　　兔耳朵发带尽量不要戴在头部凸起的地方，或者戴在发型高耸位置的同一侧，否则会显得非常奇怪。应尽量戴在发型较空白、头部凹陷的位置，可以弥补缺憾，平衡整体发型。如果脸型比较长，不要让兔耳朵都翘起来，否则也会显得很奇怪。

Side
轻轻拨乱的卷发看起来
更加随意自然。

Back
曲卷的慵懒发梢散发着
女性的妩媚气质。

长发的大波浪发型不
止需要强调发尾，在
头顶部位做出蓬松效
果才能显脸小！

性感妩媚的泳池派对发型

♥ Situation hairstyle handbook ♥

　　大波浪长卷发有不可言状的迷人气质，就连发梢也变得妩媚撩人起来，参加泳池派对时将曲卷
的头发稍稍拨开，会营造一种自然曲卷的感觉。

Step1

将头发分为上下两区，上面的头发用发夹固定。

Step2

然后开始用卷发棒曲卷头发，先逆时针曲卷。

Step3

接着顺时针曲卷头发，这样交替曲卷可以使头发更蓬松。

Step4

从右边开始，挑选一缕头发由下往上翻卷2~3圈。

Step5

依次采用同样的卷烫方式，一直烫完所有的头发。

Step6

刘海根部也用卷发棒由外向内翻卷一圈，蓬松发根。

Step7

接着再刘海根部倒上适量的蓬蓬粉，帮助我们做发型。

Step8

取少量发泥于手掌，揉搓在指腹上，轻轻擦在头发上。

Step9

最后定型喷雾离头发稍远距离喷洒，给发型定型即可。

Side
把头发全部放在一侧，
女人味十足。

Back
如海藻般丰盈卷翘的长
发每一丝每一缕都魅惑
十足。

富有光泽的饱满刘海
与柔美整齐的大卷发
凸显十足女人味。

高端酒会的柔美大卷

♥ Situation hairstyle handbook ♥

　　斜刘海配搭上稍微凌乱的长发大卷，随意又自然，这时再搭配上精致的珠宝和华丽的礼服，让你成为高端酒会上电力十足的女人！

Step1
将刘海从中间分成2份，卷发棒平行向内卷曲至发中。

Step2
将头发分为上下2区，先从下部分的头发开始卷烫。

Step3
抓取刘海，将卷发棒平行内卷至发根部，使刘海形成一个自然内扣的弧度。

Step4
将刘海从眉峰位置分成大偏分，绕至右耳后方用发夹固定。

Step5
将左侧的头发顺时针拧成一股，绕过后脑勺，用发夹固定在右侧。

Step6
用尖尾梳轻轻挑高顶区头发，令其更加饱满。

Step7
在离头发较远的位置喷上定型喷雾，令发卷持久有型。

Step8
用手撕开卷发，这种手法能够避免卷发变得毛糙。

Step9
采用内外交叉的方式卷烫，使发卷看起来更加明显、立体。

Side
把头发全部放在一侧，
女人味十足。

Back
富有光泽感的发夹与错
落有致的卷发打造夜店
女王范。

夜店的发型不一定是狂野
性感的，甜美的空气刘海
与头顶的怪趣猫耳发型一
样很吸睛。

怪趣猫耳的夜店发型

♥ Situation hairstyle handbook ♥

　　啤酒加香槟的气息只有在聚会上才最为欢腾，你可以抛开任何烦恼和忧愁，借助一点点酒精就
能够让心情打开。换个怪趣的发型让自己成为夜店的新焦点吧，告别沉闷的旧形象，或许也能给人生
带来新的快乐元素。

Step1
留出刘海的发量，在头顶两侧分别取两股少量的头发并用皮筋扎好。

Step2
将两侧留出的头发向内拱曲似猫耳的形状，并用小夹子固定。

Step3
用手轻轻拉扯整理头顶处的头发，制造蓬松自然的效果。

Step4
然后将两股头发的发尾合并在后脑勺中央的位置，扎上精巧的蝴蝶结。

Step5
用28mm型号的卷发棒整理头发，让头发自然卷曲。

Step6
最后再用卷发棒整理刘海，使刘海微微向内弯曲，让头发整体感更强。

❤ Tips ❤

打造"猫耳"时要注意让头发弯曲自然，"猫耳"的形状不宜过大或是过小。若是发质较为细软不易保持"猫耳"造型的立体持久，则可以使用一些定型喷雾。

Side

发量分别堆积在头顶以及两颊，是打造小“V”形脸和修长颈部的秘密手法。

Back

蓬松的花团能让发型背面也不单调，特别是蓬松的卷发质感，无意中将头形衬托得更出色。

两颊的卷发充满充满动感，搭配一身热辣的性感短装，犹如舞池里跳跃的精灵。

打造舞池里的精灵发型

Situation hairstyle handbook

花团头往往被演绎为乖巧、单纯的感觉，但是你不知道，性感、成熟的花团头也是展现热辣舞姿的造型。借助卷发棒加强卷度后，花团头所散发的女人味更为突出。

Step1
做好高马尾的基本造型后，头顶的发尾用小直径的卷发棒全部卷烫成小卷。

Step2
做好高马尾的基本造型后，头顶的发尾用小直径的卷发棒全部卷烫成小卷。

Step3
尤其是需要变多发量时，可以采用内外卷交叉上卷法，能让发量迅速"膨胀"。

Step4
卷烫完成之后，一手抓住部分发尾，另一手将卷发夹好、手背朝上向上推高。

Step5
当卷发向上推挤而变得饱满的时候，将发尾顺时针绕在底部固定好。

Step6
利用几个发夹，将花团头从多个角度展开并固定，使其形状饱满圆润。

Step7
固定好之后任意拉松几缕发束，让花团头饱满之余充满空气感。

Step8
前额刘海从中缝一分为二，先将它们都向上翻，再用小直径卷发棒烫出外翻卷度。

Step9
卷烫高度需与太阳穴齐平，用手指将卷发逆梳几次就能达到蓬松的效果。

CHAPTER 4

约会·浪漫场合！

超精致唯美发型

约会之前人们都会用心将自己打扮一下，常常也会烦恼于发型的打造。约会是一段美妙的时光，它能够让人不自觉地想要表现出自己最美的状态。

Side

将向上翘起的兔耳朵向两边打开压低后，立刻变成蝴蝶结，和散落的大卷发共同衬托出甜美的气质。

Back

利用最基础的两股辫来盘出花样，令后脑勺立刻饱满起来，更增添了丰盈的造型感。

大方散落的侧分卷发，让男生感受你的明朗气质。

发带打造甜美的约会造型

♥ Situation hairstyle handbook ♥

　　不要以为兔耳朵只是小女人卖萌的专利，熟女也可利用可爱的兔耳朵发带展现不同的气质。甜美乖巧的装扮更能展示你俏皮活泼的一面，让他对你一见倾心。

Step1
用大于 28 mm 的卷发棒依次对发尾进行向内曲卷。

Step2
从一侧耳朵上方抽取两束头发，拉向后编双股辫。

Step3
一边编发一边从底部头发中抽取发束加入，编至发尾用发夹固定。

Step4
将编好的双股辫在另一侧耳后方盘出一个花状的造型，用发夹固定。

Step5
选择一条合适的兔耳朵发带，从头发底部绕至头顶，在侧面合并。

Step6
发带交叉拧转后，捏住发带两端向外拉扯并压低，打出一个蝴蝶结。

❤ **Tips** ❤

要给人轻松愉悦的约会氛围，亲切感和甜美笑容最适合，侧编发或者浪漫的大波浪卷发最能让男人怦然心动。过于成熟知性的发型不适合出现在约会场合，它会给对方带来一种无法深入认识的正式感。高耸刘海发型也会让男人觉得你难以接近，过强的气场在无形中给他们带来压力。

Side
从耳朵上侧就开始出现
的发辫是避免俗气感的
要诀。

Back
背后交错的发线是俏皮女
人的专利，是只属于夏天
的青春标记。

麦穗一样的发辫耷拉到妆子
处地遮挡肩部，告别细
肩带衣着的不自在。

看电影时的随性俏皮花童辫

　　看电影是情侣间最休闲的约会方式，不想过于正式，但又想凸显造型感，有没有一款发型能一
次性解决这两个问题？当你穿着细肩带的连身裤时，精巧的童花辫会比披肩发更能展现轻松的感觉。

Step1

将刘海往左侧太阳穴方向梳顺，稍微向内拧转 2~3 圈，用长夹夹好备用。

Step2

用随意的方式在背面抓取适量头发，在左侧耳后编一个加股的三股辫。

Step3

右侧也用同样的方法编好后，一手捏住发辫捆绑处，一手将每一股头发轻轻拉松。

Step4

刘海向内绕成一个扁圆的发髻，在太阳穴上方的发根处用夹子固定。

Step5

发带从两条发辫的下方穿过，拉至刘海的 1/2 位置打结，顺带起到固定刘海的作用。

Step6

在刘海和鬓角的分界处打结，交叉 2~3 次，令兔耳朵的长度和脸型匹配即可。

━━━━━━━━━━ ❤ Tips ❤ ━━━━━━━━━━

　　如果你的肩膀和脖子匀称修长，没有一点赘肉，那么你可以尝试袒肩露额的发型。否则在肩膀做一些发辫甚至是留下几缕披散的碎发，才能让肩膀看起来不那么显眼。休闲长裤会让下半身的比重加大，因此前胸位置不宜留白，否则会让你看起来脚重头轻。

Side

头顶部位的堆高拉长了脸部比例，耳鬓出柔美的卷发凸显女人味。

Back

推高的盘发露出洁白的颈部，端庄大方的蝴蝶结也体现了造型的精细。

与刘海相连接的盘发告别了以往的呆闷，轻盈柔软的留发与若隐若现的耳环增添妩媚感。

精致盘发令人印象深刻

♥ Situation hairstyle handbook ♥

约会是一段美妙的时光，它能够让人们不自觉地想要表现出自己最美的状态。约会之前，如果打造一款精致女人气息十足的盘发就再适合不过了，不仅不会过于浮夸，反而得体大方并让令人印象深刻。

Step1

首先在头顶刘海的部位取一缕头发，卷曲呈圆形并固定在额头上方。

Step2

在第一缕头发靠后的位置再整理出一小股头发，同样卷曲呈圆形用小夹子固定好。

Step3

在头顶侧边整理出一缕头发，卷成圆形靠近前两股头发固定好，注意调整好位置。

Step4

将剩余的头发全部盘起固定在头部后方的位置，盘发要整洁利落。

Step5

用直径为28mm的卷发棒整理两鬓的碎发，让发丝卷曲自然。

Step6

最后将一款端庄大方的蝴蝶结系在脑后盘发的位置即可。

❤ Tips ❤

约会盘发的重点在于刘海部位，卷曲的头发要适量并让几股头发相互融合整齐，同时要保证固定牢固，否则约会过程中头发散落而下就十分尴尬了。

Side

一半马尾，一半侧披发，
以及有弧度的刘海，真是
一款处处有惊喜的发型。

Back

充满弹性的马尾让发量看
起来变得丰盈、浓密。

不同区域的头发分别作出
造型，在相亲场合绝对令
人印象深刻！

相亲成功的柔美半盘发

♥ Situation hairstyle handbook ♥

　　你是否也是相亲大军中的一员呢？相亲是个技术活，你需要在聊天的过程中认识这个人，初步
评判他和你的相适指数，同样你也要把自己最真诚最美好的样子展现出来。为了增添好感度，你可以
打造一款提升柔美指数的半盘发，它一定能帮助你加分。

Step1

首先将刘海和头顶部位的头发向前梳理，并将发梢的部位做拧转。

Step2

然后将发梢绕到头顶一侧的位置，并用小夹子固定牢固。

Step3

将剩余的头发分成上下两部分，把上半部分扎成马尾。

Step4

再把马尾发根的位置拱起，用小夹子从马尾中间固定好。

Step5

用直径为28mm的卷发棒卷曲剩余头发的发梢，让头发自然卷曲。

Step6

最后在刘海靠后接近拱发位置戴上蝴蝶结发箍，增添柔美指数。

♥ Tips ♥

拱发可以略有心机地打造成心形，增添甜美感的同时让相亲多一点乐趣。固定好拱发后从马尾中取几缕头发来遮挡发夹，让发型更加精致完整。

Side
垂坠感的发簪营造性感迷
人的气质。

Back
背后的发簪不要弄得太整
齐，略带蓬松的质感才更
性感。

甜美的刘海突出精致小巧
的脸庞，蓬松的发簪遮住
一半的颈部线条，展现不
一样的小女人姿态。

呼唤香吻的小性感盘发

♥ Situation hairstyle handbook ♥

与他约会是否期待甜蜜时刻？如何利用发型来展现自己性感迷人的一面？试试这款超甜美性感
的垂坠感盘发，让他忍不住亲上你一口。

Step1

首先把头发分为左右两份，不必划分出特别均等的分量，自然即可。

Step2

每一侧的头发再分成两股，并相互缠绕至发梢的位置。

Step3

一只手固定着发梢，另一只手轻轻拉扯头发让它有自然蓬松的感觉。

Step4

然后用小夹子把右侧的头发扎在沿左耳后方的位置，左边的头发则反之扎好。

Step5

将每一侧头发的发尾用小夹子固定在脑后方的位置，使其蓬松自然。

Step6

最后将一款窄发箍戴在头发上，增添甜美性感气息。

♥ Tips ♥

　　盘发容易产生散落的现象，因此在扎发的时候要把头发扎牢，多次练习就能掌握好技巧哦！另外选用的发箍以精细的为好，这样才能体现出细致性感。

侧面出现的兔耳朵俏皮之余不乏清爽，而侧面定位也是这款发型的诀窍之一。

同行时需要俏皮清爽的盘发

♥ Situation hairstyle handbook ♥

　　如果担心同行时披散的头发碰到他？那么试着把它们收起来。借助兔耳朵发带出色的塑形能力，仅需要掌握绞股技巧就可以轻松打造一款轻盈的盘发。

Step1
将全部头发梳低，一分为二后，
左右股不断交叉，用绞股的方式
编成发辫。

Step2
在距离发尾 10~15 cm 的位置，
利用兔耳朵发带靠左的位置打个
结，将发辫固定。

Step3
轻轻拉松发辫的每一股发束，令
发辫变得饱满蓬松一些。

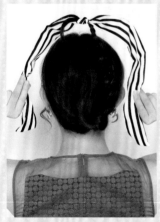

Step4
将兔耳朵发带调整成拱形，像使用
发箍一样戴上，发辫即贴合头部。

Step5
兔耳朵发带从两耳后侧绕过，在
左耳下方打结，交叉 2~3 次令钢
丝定型。

Step6
找到 Step2 预留的发尾，轻轻塞
进发带里层即可。

❤ Tips ❤

　　绞股的作用是利用两根发束互相交叉形成发辫，对于稀少头发而言，这种手法比编发更节省发量，易于塑造厚
实立体的辫子。而兔耳朵发带主要是起支撑和定型的作用，用绑的方式固定有一定重量的发辫，效果比单纯用几枚
夹子更加理想。

Side
斜线形大片刘海每每都
能将脸型完美修饰。

Back
方向和弧度都不尽一致的
卷度更适合朝气的女人。

依据头发所在区域采用
的卷烫方法，令条纹兔
耳朵发带更具存在感。

打造与众不同的卷发造型

♥ Situation hairstyle handbook ♥

　　赋予头发最自由的曲线，就能最大限度展现发丝的活力，使与他相处也能自然融洽。告别一板一眼，利用局部烫发，根据头发所在的区域卷烫，就能炮制出与众不同的卷发造型。

Step1
刘海按 7:3 的比例分界，使用直径 28 mm 以上的卷发棒，将全头头发烫卷，高度需与下巴水平线齐平。

Step2
以耳廓的前切线为界，将前面的鬓角发和刘海独立分出来，后区用夹子分开。

Step3
右侧的头发也用同样的方法分区，后区用夹子隔开。

Step4
分好的刘海用卷发棒平卷 1 圈半，让发尾内卷，塑造微微隆起的感觉。

Step5
将兔耳朵发带戴在分区线上，要避免压到刘海根部，影响刘海蓬度。

Step6
用手背将刘海抬起，远距离喷少量定型喷雾固定造型即可。

❤ Tips ❤

卷烫过的地方，尽量避免兔耳朵压住发根。戴上兔耳朵后，可以用尖尾梳将兔耳下方的头发逐一挑出。另外，定型喷雾尽量要在戴上发饰后再喷，便于及时调整，做出来的发型比较饱满蓬松。

Side
有层次的卷发增添了一股俏皮可爱气息。

Back
重心在中间的卷发有效平衡了视觉感。

把发尾卷成中小卷，再用多股辫把头顶区域固定，使蓬松的卷发不易散乱，保持造型的持久性。

烛光晚餐下的轻熟卷发

♥ Situation hairstyle handbook ♥

刘海有着修饰脸型的作用，侧分到一边的辫子形成了刚好可以包裹脸蛋的层次感，极具甜蜜气质感的发型最适合与他一起烛光晚餐。

Step1
使用一次定型喷雾，使发型更加稳定。

Step2
从刘海开始向内卷曲头发。

Step3
用尖尾梳整理头发，将头发的上半部分夹起来。

Step4
卷发棒向外烫卷下部的头发。

Step5
两侧头发的卷曲度要平衡，卷曲的弧度相同。

Step6
从头顶处分出一小股头发，发量不需太多，剩余的头发披散下来，并进行卷烫。

Step7
将这股头发编成三股辫即可。

Step8
编至头发中段时，用橡皮筋扎好。

Step9
在扎发辫的位置戴上精致的发夹即可。

Side
卷发轻轻搭在肩膀，让
发型清爽、不失精心。

Back
卷度只有 1~2 圈的轻盈
卷法适合所有不喜夸张风
格的女人。

粉色的发饰与服装搭
配这款复古公主头最
适合不过，甜美娇嫩
的形象呼之欲出。

备受宠爱的柔美公主头

♥ Situation hairstyle handbook ♥

公主头的完美与否和卷发棒发挥的效果好坏息息相关，柔美弧度的细节是打造公主头的关键。
使用卷发棒时务必不能放过每一根直发，也许它就是造成不完美的原因之一。

Step1

将头发以耳朵顶点平行线为界分为上下两区，下半区平均分为6等份，用长夹子固定区分。

Step2

最接近脸颊的一份用卷发棒按外翻方式卷烫1~2圈，停留时间稍短，避免卷度过头。

Step3

第一份头发采用外翻方式卷烫时，第二份头发则用内卷方式整烫，打造交叉卷度。

Step4

卷烫正背面的头发时，将卷发棒持平卷烫的话有助于使发尾的卷度更饱满。

Step5

卷烫头发时，为避免分界开岔中空，可以将头发往分界方向移动，有助于使每份头发互相合并。

Step6

按照外翻、内卷、外翻、内卷的交叉上卷模式，整烫完6份发束。

Step7

靠近脸颊的头发用外翻方式卷烫，注意上卷高度必须与已经完成的另一侧一致。

Step8

用手指将卷度稍微打散，无需使用任何具有黏性的定型产品，保持发丝清爽。

Step9

拔掉卷发棒电源，利用余温将刘海内卷3/4圈，微微内扣的刘海显得更自然优雅。

Side
蝴蝶结发饰不仅起到提升甜美乖巧度，还能将头发很好的固定起来。

Back
低调内敛的盘发增添了大方自然的感觉。

将头发外翻营造的蓬松感，与向内收起的盘发技巧，是打造优雅盘发的关键手法。

提升眼缘的优雅盘发

♥ Situation hairstyle handbook ♥

　　拜访男友家长是件头等大事，不仅要让自己表现得自然大方，还要给男友家长留下美好印象，就需要把自己从里到外都收拾好。发型尤为重要，因为它是你全身气质的关键所在，想要维持整个拜访过程的自信与美丽，优雅盘发可帮助你提升迷人气质。

Step1

从两侧耳朵上方开始分别取两股头发，用手梳理整齐。

Step2

将两股头发的发梢分别拧转，同时保持发根部位蓬松自然。

Step3

然后将头发拧转至一侧耳朵的上方，并用小夹子固定好。

Step4

将剩余的头发全部拨到固定刘海的同一侧，并将发梢拧转。

Step5

拧转好的发梢用小夹子固定在耳朵侧上方，并把碎发整理好。

Step6

最后再在固定发梢的位置扎上可爱甜美的蝴蝶结即可。

❤ Tips ❤

　　刘海部位的头发如果较短不易固定的话，可以喷洒一些定型喷雾，而后脑勺部位的头发则可以使用一些蓬松喷雾，让头发更加自然优雅。

Side
将刘海盘起来显得更加
有精神，珍珠发夹为整
个发型加分。

Back
有规律的螺旋卷发很有
大家闺秀的气质。

在卷发时尽量使分出的每
一股头发的发量等同，这
样捐出来的发卷大小更匀
称好看。

提升乖巧指数升级发型

　　谁说卷发只是成熟和妩媚的代名词？那就大错特错了！卷发既可以显得清新脱俗，也可以突显
乖巧恬静，是与男友家长见面时的最佳发型。

Step1
用尖尾梳从后面均匀地将头发分为 2 份。

Step2
用梳子将头发梳理整齐，准备编发。

Step3
用尖尾梳将左右两侧的头发分别分为 3 等份，用长尾夹夹住分开。

Step4
从旁边开始卷烫，每份头发卷烫时卷发棒停留略久一些，使发卷更加明显。

Step5
喷发胶的同时用手左右移动摇摆发尾，使发胶更加均匀地沾在头发上。

Step6
用手指由上至下让发卷展开，这种手法能令马尾充满空气感的同时避免毛糙。

Step7
抓取部分刘海，向下逆时针拧转成一股发辫，另一侧头发同样处理。

Step8
将拧好的两条发辫绕到后脑勺偏右的位置。

Step9
将发辫稍微往下拉一些，使发辫收住头顶所有头发，并在发辫交叉处夹上珍珠发夹。

Side

梳起的发簪经过卷烫，
显得更加饱满。

Back

头顶的卷曲度和蓬松感
十足的烫发能为你的自
信加油！

头顶的卷曲度和蓬松感
十足的烫发能为你的自
信加油！

注重礼貌的古典盘发

♥ Situation hairstyle handbook ♥

　　和长辈们见面要有礼貌懂尊重，当然如果你想要一改往日稚嫩的模样，宣布你已长大成人，那就从妆容上精心计划吧。一款温婉古典的半盘发就是你的最佳武器，可以将孩子气通通打败。

Step1
将头发分为上下两区，对下区头发进行交错卷烫，先斜45°纵向向内卷曲。

Step2
对第二束头发进行卷烫，卷发棒斜45°纵向向外卷曲。

Step3
上半部分头顶的头发分别向内卷烫，增加头顶的蓬松感。

Step4
将上下两区头发卷烫之后，用橡皮筋绑一个高马尾。

Step5
将马尾的全部头发往前拨，分别用发夹固定好。

Step6
在发髻后戴上一个蝴蝶结发饰，可以让后脑勺不会显得过于单调。

❤ Tips ❤

　　可以选择面积较大的布艺发饰或者花样繁琐的发饰来修饰发型，这样才能让复古感体现出来，但是不宜使用色泽过于鲜艳、卡通图案的发饰，以免让人觉得孩子气。

CHAPTER 5

庆典·社交场合!
超优雅气质发型

无论是浪漫波浪卷还是优雅法式盘发,无论是凸显成熟气质的古典盘发还是娇俏可爱的现代高发髻,无论是结婚还是过节,无论是泳池还是舞台,通过本章内容的学习可以满足各种不同庆典场合的需求。

Side

露出的额头和眉梢让你看起来自信满满，不知不觉聚拢你的人缘获得好评印象分。

Back

带来的是浓浓的俏皮感，要减龄更是不在话下。

不长不短的地地刘海摇身一变"小猫耳"，萌度系数骤增。

改变气质的订婚发型

♥ Situation hairstyle handbook ♥

在订婚的甜蜜时刻，闷在刘海下的额头也想透透气，拨开厚重的刘海，塑造出简约无刘海的发型，可尽显自信和美貌，露出光洁饱满的额头，既清爽又精神。

Step1

将头发中分，可用尖尾梳的梳尾从头顶向前额划出一条清晰的发线，将头发分成相等的两份。

Step2

用直径 32mm 的大号卷发棒将头发分别内卷，上卷高度到颧骨，更能修饰脸型。

Step3

先从一侧头发的前额处取一小束头发，约食指粗细。从发束中间开始向内拧转，直到头皮感到紧绷即可用发夹固定。

Step4

另一侧头发按照同样的方法拧转，用发夹固定在头顶，使之尽量趋向三角形，最后形成两个如同猫耳状的造型。

Step5

将做造型余下的发束在脑后交叉，一边用手按住头发，一边用另一只手拿着发夹，将头发固定。

Step6

选择一个精美的发饰，别在发束的交叉点，遮住发夹让造型更加完美。

━━━━━━━━━━━━━━━ ❤ Tips ❤ ━━━━━━━━━━━━━━━

　　如果担心露额会暴露过多的脸部缺陷，没有安全感的话，可以利用头顶和发尾的蓬松度来改变，头顶的蓬松可令整体造型饱满，发尾蓬松可以修饰脸部、掩饰肉感的脸颊。

Side
从侧面看，曲卷后的头发
长度恰到好处地散落在肩
，可爱蓬松的发尾衬托
着面颊，显得甜美动人。

Back
披发通过上半部
发簪固定，显得
整洁。

花朵状的发髻造型是这
个发型的亮点，搭配独
特造型的发饰是增加品
位和气质的关键。

适合证件照的蓬松卷发

♥ Situation hairstyle handbook ♥

　　拍摄证件照时，需要把头发弄得服服帖帖，露出全部五官。但是，这样反而会让人看起来呆板、
脸大。适度蓬松的卷发，让卷度堆积到对的地方，细长下巴很快就能凸显出来，轻松拥有小 V 脸。

Step1

对头发进行中分，并且用梳子将头顶的碎发梳理整齐。

Step2

用 28mm 以上的中大号卷发棒卷曲头发，卷发棒倾斜 15° 角向内卷曲头发至颧骨高度。

Step3

以耳朵为界限，将头发分成上下两部分，上半部分做盘发。

Step4

将上半部分头发移至侧面，分成两束，将两束头发互相缠绕编成两股麻花辫。

Step5

一手按住麻花辫，一手拿着辫子末端以起始点为圆心绕圈，用夹子从各个方位固定，最后用手轻拉让发髻更有造型感。

Step6

选择一个造型独特的发饰别在太阳穴位置，这样可令整体造型增色不少。

❤ Tips ❤

　　头顶至脸颊的头发以光泽亮丽的直发为重点，用有保湿效果的喷雾以增加头发光泽度，给人健康、有活力的感觉。从脸颊两边开始向上卷不规则的卷度，凌乱蓬松，视觉上修饰了两颊的宽度，加强了下巴的曲线，脸部马上呈现 V 字型！

Side
绑发配合发饰能够让发
型的线条感更强。

Back
清新优雅的蝴蝶结增添
了发型的甜美感。

精致、简约、低调是韩
式新娘的特点，注重细
节的低马尾不仅能修饰
小脸，还彰显婉约感。

微卷低马尾演绎韩式新娘

♥ Situation hairstyle handbook ♥

　　微卷低调的绑发能够让新娘的造型感更加利落，微微卷曲带有凌乱感的碎发与简约干净的韩式
婚纱尽显新娘的浪漫气质。

Step1
选择中号卷发棒，从发尾至至头发的三分之二处进行向内卷烫。

Step2
依次将头发进行卷烫，直至将全部的头发都卷烫完毕。

Step3
从右耳上方取三股头发进行编辫子，编至发尾用橡皮筋固定。

Step4
同样将辫子编至发尾的位置，用橡皮筋固定好。

Step5
然后将披散的头发和右侧的辫子，一同用橡皮筋扎好。

Step6
在扎好的辫子中间部位，再用一个橡皮筋扎好。

Step7
用手将两个橡皮筋中间的头发轻轻地拉扯，使其更蓬松。

Step8
将左侧的辫子进行拧转，然后固定到背后的头发上。

Step9
最后在扎着橡皮筋的位置，戴上优雅的蝴蝶结发饰即可。

Side
仿若波浪的刘海造型是打
造复古发型的基本元素。

Back
低发髻的美端庄复古，
沁人心脾。

复古的盘发与中式礼
服搭配相得益彰，充
分体现了东方女性的
婉约妩媚。

复古盘发彰显中式妩媚

♥ Situation hairstyle handbook ♥

　　这是一款改良版的手推波复古盘发，大曲卷度给发型加入了时尚的气息，绝对是时尚与复古造型的完美结合。

Step1

梳理出耳朵两侧的头发，用大号卷发棒夹住发尾由外向内曲卷至发根。

Step2

继续用梳子处理大偏分刘海，用梳子逆着头发方向慢慢推高。

Step3

即刻用夹子固定拱起的弧度，不要让推高的发型松散开。

Step4

按照同样的方法，将剩余的头发再进行一次推高。

Step5

两处推高的头发固定后，喷洒定型喷雾给头发定型。

Step6

将剩下的头发梳理整齐后用橡皮筋绑成低马尾。

Step7

将马尾拧转成麻花辫后顺时针绕成一个发髻。

Step8

接着将右侧耳朵处的头发绕到盘起的发髻上。

Step9

最后再拆掉用以固定头发的发夹整理好碎发即可。

121

Side
柔和流畅的线条修饰出优
雅的头部线条，简约而有
气质。

Back
看似凌乱其实造型感十足
的盘发，背部同样线条柔
和优雅。

微微上卷的刘海与低
调的盘发，既不过分
张扬，又精致柔美。

轻柔淡雅的伴娘发型

♥ Situation hairstyle handbook ♥

　　不想抢新娘的风头，所以选择将头发盘起能够展现肩部的优雅线条的低调盘发，微微蓬松的发丝营造出甜美浪漫的气息，简约端庄的气质伴随新娘恰到好处。

Step1

用细齿梳子以耳朵为界整理出刘海两侧的头发。

Step2

接着将背部剩余的头发分为上下两份，并用夹子固定。

Step3

接着整理好两侧的发丝，用手将头发全部握起。

Step4

将握起的头发逐渐绕圈向发根处慢慢盘起。

Step5

把盘其的头发用夹子固定好，然后整理上部分的头发。

Step6

将上部分的头发整齐的披散下来，用细齿梳梳理整齐。

Step7

然后拧转并绕在之前盘好的下部分的头发上，用夹子固定住。

Step8

接着将两侧刘海处的头发分成上下两份，用小号的卷发棒进行卷烫。

Step9

最后将卷烫好的头发用手向头顶处梳理，再喷洒定型喷雾即可。

Side
银灰色珠光缎面的大蝴蝶
结发箍搭配小礼服，非常
适合参加宴会。

Back
低调的发色显得更加稳重。

这款甜美的卷发搭配
蝴蝶结发箍和乖巧的
连衣裙无论参加聚会
场合都很合适。

洋溢幸福感的婚宴卷发

♥ Situation hairstyle handbook ♥

　　四六分的斜刘海甜美、显得年轻，很好地修饰了脸形的线条。微卷的长发，散发出一种甜甜的幸福感，带着这份满满的幸福甜蜜气息参加亲朋好友的婚宴，真是个不错的选择。

Step1

将头发分为上下两区，使发卷弧度更加匀称。

Step2

从旁边的头发开始卷烫，卷发棒纵向向内翻卷至发根部。

Step3

采用内外交叉的卷烫方式，使发卷更加蓬松立体。

Step4

从刘海两侧挑选一束头发，绕至脑后交叉，用发夹固定在头顶。

Step5

从侧面头发中抽取一小束头发，从发根开始卷至头发的 2/3 的位置，斜向后曲卷。

Step6

用大号卷发棒取两侧太阳穴附近的头发向外翻卷 2~3 圈，使头发都有卷度。

Step7

选取右侧刘海，卷发棒向外翻卷至发根，形成自然外翻的弧度，修饰脸部线条。

Step8

将顶部的斜刘海同样向外翻卷至发根部。

Step9

在发际线稍微靠后的位置戴上银灰色缎面大蝴蝶结发箍即可。

斜刘海完美地修饰了脸部线条，简洁又优雅。

干净利落的盘发露出美丽的后颈和背部线条，性感又端庄。

推高的偏分刘海与低调小盘发搭配抹胸礼服，在珠宝的衬托下尽显女神气质。

晚宴女神的气质发型

♥ Situation hairstyle handbook ♥

　　平时的努力终于获得了肯定，在接受大家祝福的晚宴上，这样自然又有气质的盘发是名媛们的最爱，搭配白色露肩礼服，再合适不过了。

Step1

先将左侧的头发分成 3 等分，用
长尾夹区分开。

Step2

右侧的头发同样分成 3 等分，注
意留出刘海的部分。

Step3

分别选取两侧的一束头发，卷发
棒纵向向内卷曲发尾 2~3 圈。

Step4

将发量多这一侧的刘海从太阳穴
下开始逆时针拧成一股发辫，固
定在脑后。

Step5

将左侧的头发分成两份，往后交
叉拧转 1 圈。

Step6

续入后侧的头发，一直编到右侧，
注意编发时上侧要蓬松一些，而下
侧要收紧一些，避免出现碎发。

Step7

将剩下的头发逆时针拧转成一股，
发尾用皮筋固定。

Step8

将发尾藏在发髻下，用夹子固定。

Step9

整理一下碎发，将珍珠夹夹在发
髻上。

127

Side
曲卷的发梢不要拨开，
否则会显得比较蓬乱。

Back
将长马尾绕一圈就变成
了俏皮活泼短马尾了。

成熟的马尾发型既摆
脱了青涩形象，还增
添了专业的感觉。

跳跃感发型让主持更具表现力

♥ Situation hairstyle handbook ♥

俏皮灵动的高马尾和充满弹性的卷发简直就是天生的一对，主持人充满跳跃感的发梢在舞台上更具感染力和表现力。

Step1
用尖尾梳的尾端挑分出刘海部分，梳理整齐。

Step2
将头发分为上下两部分，分别用橡皮筋绑成马尾。

Step3
用大号卷发棒将上下马尾由外向内卷烫至马尾根部。

Step4
将下马尾和上马尾撩在一起，拧成一股顺时针绕在马尾根部。

Step5
接着用梳子将刘海分成两份，依次用梳子倒梳打毛蓬松。

Step6
继续将打毛的刘海用梳子顺着刘海的方向慢慢梳顺。

Step7
从太阳穴斜上方的位置将刘海拧成一股顺时针绕半圈用发夹固定。

Step8
将刘海多余的头发继续扭转成一股然后绕一个圈用发夹固定。

Step9
最后定型喷雾离头发稍远距离轻轻喷洒，让发型更加持久。

129

Side
发型的侧面线条更为柔和，尽显甜美优雅气质。

Back
背面更有细节感，细致的发型更显用心。

整体发型干脆利落，
搭配多种风格的时装
都不会失误。

卷曲刘海让司仪更显睿智干练

♥ Situation hairstyle handbook ♥

　　这是一款司仪的万能发型，带有俏皮感的卷曲刘海，却又不失掉优雅的气质，不论任何一场晚会或庆典，司仪落落大方的造型都能平添几分自信，从容掌控局面。

Step1

用小号的卷发棒，将头发从发尾卷烫至靠近发根处。

Step2

每次取一小股头发，依次将头发进行卷烫。

Step3

将所有的头发卷烫完毕后，用双手轻轻地拨散头发。

Step4

用细齿梳将刘海处的头发整理出来，以耳朵为分界点。

Step5

再从头顶处取一小股头发梳理整齐，用手将这股头发向上推起使其呈供状，发尾处拧转。

Step6

从左耳上方取一股头发融入拱起的头发的发尾，并一同拧转。

Step7

接着再从右耳上方取一股头发，同样加入进来拧转。

Step8

将之前拧转的头发固定好，把剩余的头发拧转成圈状并固定好。

Step9

最后将刘海处的头发进行圈状拧转，固定在耳朵后侧的位置。

Side
加高的前额和顶区将脸型完美修饰，成就气质名媛范。

Back
丝绒质感的蝴蝶结动静皆宜，比寻常发饰更有巧思。

扁然跃起的蝴蝶结头饰让厚重的外套多了轻盈之姿。

尽显节日气氛的空气包发

♥ Situation hairstyle handbook ♥

怎样用发型凸显节日气氛？通过加高顶区以及前额的发量，悄悄埋下增高伏笔。做成大蝴蝶结样式的兔耳朵发带相当巧妙地留下甜美背影。

Step1
以两侧额角为界，头部后侧中轴线为中分线，将顶区的头发分为两等份，分别向内拧转。

Step2
两边头发都拧转之后向头顶推高，再用夹子固定拧转处，做成两个立体的小发包。

Step3
在拧转处的下方用尖尾梳分出一块呈倒三角形的区域，用兔耳朵发带将这里的头发扎紧。

Step4
利用钢丝的可塑性，发带的两边分别内折然后叠在一起，形成一个大蝴蝶结的样式。

Step5
将 step3 扎好的头发沿着蝴蝶结中心向上翻，绕过蝴蝶结的右半部分。

Step6
绕过之后从蝴蝶结下方穿出，再穿过头发形成的空洞向左拉，利用头发就可把蝴蝶结固定好了。

♥ Tips ♥

穿着厚重的冬装，丝绒、呢子、毛绒面料的发饰最相得益彰、温暖宜人，而宝石、合金、树脂材质的发饰更适合营造属于夏日的清凉感受。发饰大小也决定了它们的佩戴位置，越大的发饰越适合用在顶区以及背面，小发饰则建议用在侧面和正面。

Side

绞股盘发，配以两侧垂落的微卷发丝，整个发型即显清爽，同时又散发出浓浓的知性味。

Back

双层盘发所体现的就是女人味的一面。

立体感十足的森女盘发，让自己摆脱沉闷变身花样少女。

缤纷圣诞节的绞股绑发

❤ Situation hairstyle handbook ❤

　　在圣诞聚会上，想要吸引众人的目光，肯定要在发型上下功夫。大红色的发饰与浪漫柔美的立体盘发，既妩媚可爱又简洁大方。华丽变身，圣诞派对的女主角一定是你！

Step1
用梳子从头顶向前划分一条中线,对刘海进行中分。

Step2
从一侧的刘海中抽出两束头发,互相缠绕且拉至脑后。

Step3
将后脑勺的头发分成上下两个区域,用发夹分区。

Step4
下面两束头发分别编两股辫,绞绑绕到头发另一侧。

Step5
将绞绑的发束打一个结,然后绕至耳后用发夹固定发尾。

Step6
用发夹再次固定盘在脑后的头发,对发髻形状进行微调。

Step7
用卷发棒卷烫散落在鬓角的发丝,增添一丝柔美感。

Step8
在头顶带上森女感的发饰,让造型更增添女人味。

♥ Tips ♥

将多束头发拧转,然后将拧转后的发束合并后再次拧转,反复此动作,就可以打造出立体感的盘发。

颜值的**秘密**

当今社会，"颜值"已经无可厚非地成为了女人在人生道路上的加分项。

所以每一个女人，都应该每天抽出一点点时间，护理一下肌肤，自己画个美甲，画一个宛若无物的裸妆，选一双喜爱的高跟鞋，戴一副顾盼生辉的美瞳，系上一条美丽的丝巾或围巾……

当然，如果你比一般女人更会拍照，那朋友圈里的人定会疯狂为你点赞！

ISBN：978-7-113-20889-9
定价：38.00 元

OH! FASHION TRAIN

ISBN：978-7-113-21240-7
定价：39.80 元

ISBN：978-7-113-21239-1
定价：39.80 元

ISBN：978-7-113-21242-1
定价：39.80 元

ISBN：978-7-113-21100-4
定价：39.80 元

ISBN：978-7-113-21283-4
定价：39.80 元

ISBN：978-7-113-21285-8
定价：39.80 元